AI训练师 手册

算法与模型训练从入门到精通

谷建阳 ◎ 编著

北京大学出版社

PEKING UNIVERSITY PRESS

内 容 提 要

本书内容系统、全面，实例丰富，共有 10 章，包括 51 个实操案例解析和 80 个行业案例分析。通过学习本书，读者可以从零开始，逐步掌握人工智能的核心技术，成为合格的 AI 训练师。本书附赠了同步教学视频＋PPT 教学课件＋素材＋效果＋AI 提示词等资源。

书中内容从技能线和案例线展开介绍，具体内容如下。

技能线：从人工智能的相关技术入手，不仅介绍了 AI 训练师的发展历程和行业动态，还重点讲述了 AI 训练师的职业技能提升方法，具体内容包括认识 AI 训练师、能力培养、Python 编程语言、机器学习算法、深度学习算法、自然语言处理、数据标注、神经网络训练、模型评估和优化、管理和部署等，对人工智能训练相关工作做了系统的描述和指导。

案例线：不仅涵盖了 AI 领域的各个方面，而且非常注重算法与模型的实际应用，通过分析大量的经典案例，如 Amazon、华为、ChatGPT、文心一格、Photoshop、海尔、小米、支付宝、百度、京东、阿里巴巴、美团、网易云商、文心一言、淘宝、剪映、Google、今日头条、携程旅行、字节跳动、Stable Diffusion 等，可以让读者更好地掌握 AI 训练的相关技能。

本书适合准备从事 AI 训练师的读者，以及对人工智能感兴趣的读者，包括人工智能从业者、模型开发者、数据标注师、数据分析师、AI 产品经理、企业决策者、任何想要提升 AI 技能的人。此外，本书还可以作为相关培训机构和职业院校的参考教材。

图书在版编目（CIP）数据

AI 训练师手册：算法与模型训练从入门到精通 / 谷建阳编著 . —— 北京：北京大学出版社，2024.8.
ISBN 978-7-301-35192-5

Ⅰ . TP18-62

中国国家版本馆 CIP 数据核字第 2024BS0913 号

书　　　名	AI训练师手册：算法与模型训练从入门到精通	
	AI XUNLIANSHI SHOUCE: SUANFA YU MOXING XUNLIAN CONG RUMEN DAO JINGTONG	
著作责任者	谷建阳　编著	
责 任 编 辑	刘　云　孙金鑫	
标 准 书 号	ISBN 978-7-301-35192-5	
出 版 发 行	北京大学出版社	
地　　　址	北京市海淀区成府路205号　100871	
网　　　址	http://www.pup.cn　　新浪微博:@北京大学出版社	
电 子 邮 箱	编辑部 pup7@pup.cn　总编部 zpup@pup.cn	
电　　　话	邮购部 010-62752015　发行部 010-62750672　编辑部 010-62570390	
印 刷 者	北京溢漾印刷有限公司	
经 销 者	新华书店	
	787毫米×1092毫米　16开本　14.25印张　388千字	
	2024年8月第1版　2025年3月第2次印刷	
印　　　数	4001-7000册	
定　　　价	69.00元	

前言
INTRODUCTION

市场优势

2020 年 2 月，人工智能训练师（Artificial Intelligence Trainer，后称 AI 训练师）被正式认定为新职业，并被纳入国家职业分类目录。另外，人力资源和社会保障部同年发布的《新职业——人工智能工程技术人员就业景气现状分析报告》显示，我国人工智能人才缺口超过 500 万，国内的供求比例为 1：10，供需比例严重失衡。

随着 AI 技术在各个行业的广泛应用，如办公、制造、金融、医疗、政务等，对高质量 AI 模型的需求不断增加。这使得企业对专业 AI 训练师的需求也在迅速增长，AI 训练师成为市场上备受追捧的热门人才。随着人工智能市场规模不断扩大，为 AI 训练师提供了广阔的就业空间和职业发展机会。

技术优势

AI 训练师能够高效地处理和分析大量数据，训练和优化算法和模型，在人工智能领域扮演着至关重要的角色，他们不仅具备全面的技术能力，还具有出色的实践经验。随着 AI 技术的不断发展，AI 训练师的需求将会不断增加，同时对其专业技能水平的要求也会不断提高。因此，从事这个职业的人需要不断学习和提高自己的能力水平。通过阅读本书，读者能够系统地了解 AI 训练师所需的核心技能和知识，掌握从算法到模型训练的全流程，为成为合格的 AI 训练师打下坚实的基础。

本书特色

在当今时代，人工智能已成为引领第四次工业革命的核心力量，从智能手机到自动驾驶汽车，从医疗诊断到金融预测，AI 技术正逐步改变着人类社会的各个方面。作为 AI 技术的关键角色，AI 训练师在推动这一变革中发挥着不可或缺的作用，本书正是为这一专业群体量身打造的指南，本书特色如下。

（1）**内容全面**：本书共有 10 章，结合 80 个行业案例分析，系统地介绍了 AI 训练师所需的典型技能，旨在帮助读者从零开始构建自己的 AI 技术能力。书中先引导读者认识 AI 新职业——AI 训练师，了解其职责和要求；然后通过系统地介绍编程语言、机器学习算法、深度学习算法等核心技能，帮助读者构建扎实的技术基础；接着，本书深入探讨了自然语言处理、数据标注、神经网络训练等关键技术，让读者掌握训练人工智能系统的全流程；最后，介绍了模型评估和优化、管理和部署等实践应用，确保读者能够成功地将训练好的 AI 模型应用于实际场景。

（2）**实践导向**：在编写本书的过程中，我们力求内容的全面性和实用性，通过 51 个实操案例，帮助读者掌握 AI 技术的基础知识，并激发创新思维和实践能力。通过理论与实践相结合的方式，本书将带领读者踏上成为优秀 AI 训练师的旅程。

（3）**资源丰富**：为了帮助读者更好地掌握书中的内容，我们特地录制了一系列的教学视频，这些视频详细地讲解了书中的重点和难点知识，让读者能够更加深入地理解 AI 训练的精髓。此外，本书还附赠了 PPT 教学课件 + 素材 + 效果 + AI 提示词等资源，方便读者更好地学习本书。

温馨提示

（1）**版本更新**：本书在编写时，是基于当前各种 AI 工具和网页平台的界面截取的实际操作图片，但本书从编辑到出版需要一段时间，这些工具的功能和界面可能会有变动，读者在阅读时，请根据书中的思路举一反三进行学习。

其中，Python 的版本为 3.12.1，Stable Diffusion 的版本为 1.6.1，VIA 的版本为 2.0.12，SD-Trainer 的版本为 v1.4.1。

（2）**提示词**：提示词也称为关键字、关键词、描述词、输入词、指令、代码等，网上大部分用户也将其称为"咒语"。需要注意的是，即使是完全相同的提示词，AI 模型每次生成的文案、图片或视频内容也会有所差别。

资源获取

本书附赠资源可用微信扫一扫下方二维码，关注微信公众号，然后输入本书第 77 页资源下载码，根据提示获取。

"博雅读书社"
微信公众号

本书由谷建阳编著，参与编写的人员还有苏高、胡杨等，在此表示感谢。由于编者知识水平有限，书中难免有疏漏之处，恳请广大读者批评、指正。

目录
CONTENTS

第1章 认识AI新职业——AI训练师

1.1 认识人工智能 002

　1.1.1 认识人工智能：用AI开启全新时代 002

　　案例 1 Amazon Echo 智能音箱 002

　1.1.2 层级分类：解析人工智能的能力 003

　　案例 2 华为 ADS 2.0 高阶智能辅助
　　驾驶系统 003

　　案例 3 ChatGPT 可生成高质量的
　　自然语言文本 004

　1.1.3 技术革新：人工智能如何改变世界 005

　　案例 4 足球明星的知识图谱 006

　　案例 5 《阿凡达》中的脑机交互方式 006

　　案例 6 文心一格的 AI 绘画功能 006

　　案例 7 Photoshop 的智能抠图功能 007

　　案例 8 机场利用步态识别技术监测
　　和识别可疑人物 008

　　案例 9 上汽通用汽车的 AR 系列产品 009

　1.1.4 十大行业变革：人工智能引领的未来趋势 010

　　案例 10 海尔的 COSMOPlat 平台 010

　　案例 11 小米小爱鼠标控制智能家
　　居产品 011

　　案例 12 支付宝利用人脸识别技术
　　实现"刷脸支付" 012

　　案例 13 百度 Apollo 无人驾驶出租车 012

　　案例 14 京东物流的智能物流服务 014

　　案例 15 阿里巴巴的无人值守咖啡
　　店——"淘咖啡" 014

　　案例 16 美团利用人工智能技术提供智
　　能推荐和个性化服务 015

　1.1.5 AI训练师的出现：赋予人工智能
　　"人性之魂" 015

　　案例 17 通过训练模型提高智能语音
　　助手的准确率和响应速度 015

1.2 全方位了解AI训练师 016

　1.2.1 AI训练师的起源：技术发展的必然产物 016

　　案例 18 网易云商智能客服系统
　　——七鱼在线机器人 017

　1.2.2 AI训练师的基础能力：专业素养与
　　实践技能 017

　　案例 19 AI 训练师在智能推荐系统中
　　的核心作用 018

　1.2.3 AI训练师的人才缺口：挑战与机遇并存 019

　1.2.4 AI训练师的职业规划：持续发展与
　　未来展望 019

　1.2.5 AI训练师的发展前景：新兴职业的
　　无限可能 020

　　案例 20 百度智能云平台的智能推荐
　　引擎产品 020

本章小结 021

课后习题 021

第2章 能力培养
——成为一名合格的AI训练师

2.1 AI训练师知识与技能的全面解析 023

2.1.1 计算机操作知识：AI训练师基础中的
基础 023

2.1.2 数学基础知识：AI训练师的核心能力 024

案例 21 用线性代数实现线性回归模型 024

2.1.3 编程技能：实现人工智能的关键所在 025

案例 22 用 Python 机器学习语言实现
人工神经网络 025

2.1.4 特征能力工程：挖掘数据深层价值的
艺术 025

案例 23 Gmail 可准确识别垃圾邮件 026

2.1.5 数据处理知识：数据为王的时代必备 027

案例 24 Scrapy 可快速采集大量数据 027

2.1.6 人工智能基础知识：深入理解AI的脉络 028

案例 25 使用图像识别技术的智能
交通监控系统 029

2.2 AI训练师的工作职责与从业领域 029

2.2.1 AI训练师工作职责：赋予人工智能生命
与智慧 030

案例 26 开发人工智能模型实现机器
翻译 030

2.2.2 AI训练师从业领域：实现更智能化的
解决方案 031

案例 27 优必选的智能机器人产品 032

案例 28 利用虚拟试衣镜提供全新的
购物体验 032

案例 29 Mokker 用 AI 生成电商产品
图片 033

本章小结 034
课后习题 034

第3章 编程语言
——AI训练师至少要会一门

3.1 Python的安装与部署流程 036

3.1.1 下载与安装Python 036

3.1.2 配置Python环境变量 039

3.2 6个技巧，学会Python编程的语法格式 041

3.2.1 使用Python基础语法：输出英文字符 041

3.2.2 使用Python中文编码：输出中文字符 044

3.2.3 设置Python变量赋值：定义不同数据 045

3.2.4 使用Python运算符：进行加减乘除计算 047

3.2.5 使用Python条件语句：对比数的大小 050

3.2.6 使用Python循环语句：输出一系列数字 053

3.3 AI训练师实战：5个实例，精通Python编程 054

3.3.1 实例1：使用Python计算业绩提成奖金 054

案例 30 使用文心一言 AI 大模型计算
业绩提成奖金 057

3.3.2 实例2：使用Python由小到大排列数字 058

案例 31 使用文心一言 AI 大模型由
小到大排列数字 060

3.3.3 实例3：使用Python输出斐波那契数列 060

案例 32 使用文心一言 AI 大模型输出
斐波那契数列 064

3.3.4 实例4：使用Python输出九九乘法口
诀表 065

案例 33 使用文心一言 AI 大模型输出
九九乘法口诀表 067

3.3.5 实例5：使用Python制作猜数字游戏 067

案例 34 使用文心一言 AI 大模型玩
猜数字游戏 069

本章小结 070
课后习题 070

第4章　机器学习算法
——常用的AI训练方法

4.1 认识机器学习算法 073

　4.1.1 机器学习与人工智能：共筑智能未来 073

　　案例35 淘宝推出原生AI大模型应用
　　　　　 "淘宝问问" 073

　4.1.2 3个基本类型：了解机器学习算法的
　　　　技术原理 076

　　案例36 剪映"智能字幕"功能自动
　　　　　 将语言转换为文字 076

　　案例37 Google翻译利用监督学习
　　　　　 算法提升精准度 077

　　案例38 Amazon利用无监督学习
　　　　　 重塑电商体验 079

　　案例39 基于强化学习算法的AlphaGo
　　　　　 人工智能围棋程序 080

　4.1.3 6个基本流程：看懂机器学习算法的
　　　　工作方式 080

　　案例40 常用的数据可视化工具
　　　　　 ——散点图 081

4.2 6类场景，精通机器学习算法的应用 083

　4.2.1 图像识别和分类：人脸识别、图像检索、
　　　　物体识别 083

　　案例41 人脸识别闸机开启"刷脸坐
　　　　　 地铁"时代 084

　　案例42 微信"扫一扫"可自动识别
　　　　　 花草、动物、商品等物体 085

　4.2.2 自然语言处理：机器翻译、文本分类、
　　　　语音识别 085

　　案例43 百度地图利用自然语言处理
　　　　　 技术提升导航体验 086

　4.2.3 推荐系统：电商平台商品推荐、社交
　　　　媒体内容推荐 086

　　案例44 今日头条利用AI技术实现
　　　　　 个性化资讯推荐 087

　4.2.4 工业制造：质量控制、异常检测 088

　　案例45 梅卡曼德将AI和3D视觉
　　　　　 技术融入汽车制造工艺 088

　4.2.5 自动驾驶：视觉感知、路况识别 089

　　案例46 极越01——打造智能化的
　　　　　 "汽车机器人" 089

　4.2.6 环境保护：气象预测、大气污染监测 090

　　案例47 谷歌DeepMind利用机器
　　　　　 学习模型预测天气 090

本章小结 091
课后习题 091

第5章　深度学习算法
——AI训练师的核心技能

5.1 认识深度学习算法 093

　5.1.1 概念解读：认识深度学习算法 093

　　案例48 深度学习算法在无人机视觉
　　　　　 导航与避障中的应用 093

　5.1.2 深入对比：机器学习与深度学习的区别 094

　5.1.3 工作原理：深度学习算法的底层逻辑 095

5.2 AI训练师实战：8个实例，掌握深度学习的
　　应用场景 096

　5.2.1 实例1：使用AI生成绘画作品 096

　5.2.2 实例2：使用AI翻译方言 099

　5.2.3 实例3：使用AI推荐美食 100

　5.2.4 实例4：使用AI充当旅游助手 102

　　案例49 携程旅行发布旅游垂直行业
　　　　　 大模型——携程问道 103

　5.2.5 实例5：使用AI识别中文表格 104

　　案例50 金鸣识别将图片转换为各种
　　　　　 文档 106

5.2.6　实例6：使用AI识别车牌　106

　　案例51　利用 AI 车牌识别技术打造
　　　　　　自动化的智能停车场　108

5.2.7　实例7：使用AI总结网页内容　108

5.2.8　实例8：使用AI进行语音聊天　109

　　案例52　文心一言 App 可与 AI 进行
　　　　　　连续语音对话　111

本章小结　112

课后习题　112

第6章　自然语言处理
**　　　　——让AI能够与人类对话**

6.1　认识自然语言处理　114

6.1.1　概念解读：什么是自然语言处理？　114

6.1.2　底层原理：语言学与计算机科学的交汇　115

6.1.3　自然语言处理的两种途径：传统与深度　116

　　案例53　使用深度学习模型处理 NLP
　　　　　　来实现情感分析任务　116

6.1.4　自然语言处理的两大核心任务：理解与
　　　　生成　118

　　案例54　基于自然语言处理的智能
　　　　　　问答系统——小米小爱同学　118

6.1.5　语料预处理的6个关键步骤　119

　　案例55　使用 HanLP 进行中文分词
　　　　　　处理　119

6.2　5类场景，精通自然语言处理的应用　120

6.2.1　情感分析：理解文本中的情感倾向　121

　　案例56　百度大脑情感倾向分析让
　　　　　　舆论分析更直观　121

6.2.2　聊天机器人：模拟人类对话的智能助手　121

　　案例57　字节跳动基于云雀大模型
　　　　　　开发的 AI 工具——豆包　122

6.2.3　语音识别：将声音转化为文字的科技
　　　　奇迹　122

　　案例58　通义听悟帮你打破语言障碍，
　　　　　　释放无限可能　123

6.2.4　机器翻译：无界沟通　123

　　案例59　基于连续语义增强的机器
　　　　　　翻译模型——CSANMT　124

6.2.5　自动摘要：快速理解与提炼文本内容
　　　　的利器　125

　　案例60　使用文心一言中的览卷文档
　　　　　　插件自动提取摘要　125

6.3　AI训练师实战：5个步骤，训练Embedding
　　　语言模型　126

6.3.1　认识模型：Embedding模型训练概述　126

6.3.2　优化参数：对Stable Diffusion进行配置　127

6.3.3　数据标注：对图像进行预处理操作　128

6.3.4　创建模型：生成嵌入式Embedding模型　130

6.3.5　训练模型：用Embedding打包提示词　131

本章小结　133

课后习题　134

第7章　数据标注
**　　　　——AI训练的必要环节**

7.1　认识数据标注　136

7.1.1　定义与重要性分析：看懂数据标注的
　　　　内涵　136

　　案例61　数据标注可帮助自动驾驶
　　　　　　汽车识别周围的环境　136

7.1.2　数据标注类型：各类标注的区分与应用
　　　　场景　137

　　案例62　数据堂 3D 点云标注工具
　　　　　　实现智能化的辅助标注　138

7.1.3　高效标注方法：提升标注效率和准确率
　　　　的技巧　138

　　案例63　使用 2D3D 融合标注技术
　　　　　　助力训练自动驾驶模型　139

7.2 AI训练师实战：5个实例，掌握VGG数据
　　　标注工具　　　　　　　　　　　　140
　　7.2.1　实例1：重建3D人脸模型　　　140
　　7.2.2　实例2：检索人体姿态　　　　141
　　7.2.3　实例3：检索视频内容　　　　143
　　7.2.4　实例4：检索绘画作品　　　　144
　　7.2.5　实例5：标注图像信息　　　　145
　　本章小结　　　　　　　　　　　　　147
　　课后习题　　　　　　　　　　　　　147

第8章　神经网络训练
　　　　——教AI如何更懂人类

8.1　认识神经网络　　　　　　　　　　149
　　8.1.1　概念：什么是神经网络？　　　149
　　　案例 64　用人工神经网络搭建波士顿
　　　　　　　房价预测模型　　　　　　149
　　8.1.2　原理：神经网络的组成结构　　150
　　8.1.3　技巧：神经网络的训练方法　　150
　　　案例 65　Neural Filters 让 Photoshop
　　　　　　　创意修图更简单　　　　　151

8.2　AI训练师必知的6种神经网络架构　　152
　　8.2.1　感知机：用于解决模式识别问题　152
　　8.2.2　卷积神经网络：捕捉图像的空间结构　152
　　　案例 66　CNN 在 ImageNet 挑战赛中
　　　　　　　展现出惊人的图像识别能力　152
　　8.2.3　循环神经网络：用于处理序列数据　153
　　　案例 67　使用高级神经网络库 Keras
　　　　　　　训练 RNN 模型　　　　　153
　　8.2.4　生成对抗网络：相互博弈以提升模型
　　　　　性能　　　　　　　　　　　153
　　　案例 68　使用 Stable Diffusion 的图生
　　　　　　　图功能实现风格迁移　　　154
　　8.2.5　递归神经网络：对序列数据进行有效
　　　　　处理　　　　　　　　　　　154

　　　案例 69　Deep Speech 利用 RNN 提高
　　　　　　　语音识别准确率　　　　　155
　　8.2.6　长短期记忆网络：处理自然语言序列
　　　　　等任务　　　　　　　　　　155
　　　案例 70　LSTM 网络在谷歌语音搜索
　　　　　　　和识别技术中的应用　　　155

8.3　AI训练师实战：5个流程，训练特定画风的
　　　LoRA模型　　　　　　　　　　　156
　　8.3.1　认识模型：LoRA模型训练概述　156
　　　案例 71　用 LoRA 微调 Stable Diffusion
　　　　　　　绘画大模型　　　　　　　156
　　8.3.2　准备工作：安装训练器与整理数据集　157
　　8.3.3　数据标注：图像预处理和打标优化　159
　　8.3.4　参数调整：设置训练模型和数据集　162
　　8.3.5　测试模型：评估模型应用效果　164
　　本章小结　　　　　　　　　　　　　167
　　课后习题　　　　　　　　　　　　　167

第9章　模型评估和优化
　　　　——确保AI训练的结果

9.1　5个指标，评估训练好的AI模型　　169
　　9.1.1　准确率：直观展示模型的整体性能　169
　　　案例 72　用准确率评估机器学习模型
　　　　　　　性能　　　　　　　　　　169
　　9.1.2　精度：控制模型评估的误报率　169
　　9.1.3　F1分数：更全面地评估分类器的性能　170
　　　案例 73　用 F1 分数评估识别信用卡
　　　　　　　欺诈行为的分类模型　　　170
　　9.1.4　误差：更好地处理异常值带来的影响　170
　　9.1.5　ROC曲线：显示不同分类阈值下模型的
　　　　　性能　　　　　　　　　　　171

9.2　8个方法，优化AI模型的性能　　　172
　　9.2.1　Holdout检验：用训练集训练模型并测
　　　　　试性能　　　　　　　　　　172

案例 **74** 使用 Holdout 检验评估模型
的泛化能力　　　　　　172

9.2.2　交叉验证：实现更稳定、可靠的模型
性能　　　　　　　　172

9.2.3　验证曲线与学习曲线：了解模型是否过
拟合或欠拟合　　　　173

案例 **75** 通过绘制验证曲线构建随机
森林模型　　　　　　173

9.2.4　自助法：通过重抽样技术来进行模型训
练和评估　　　　　　174

案例 **76** 使用自助法进行模型训练和
优化　　　　　　　　174

9.2.5　模型调参：找到最优超参数组合，提高
模型性能　　　　　　174

9.2.6　数据预处理：有效改善模型训练数据的
质量和分布　　　　　175

案例 **77** 强大的数据处理工具
——OpenRefine　　　176

9.2.7　特征选择：降低维度、提高模型性能的
有效方法　　　　　　177

9.2.8　集成学习：有效提高模型的鲁棒性和
泛化能力　　　　　　178

9.3　AI训练师实战：通过融合模型优化AI绘画
效果　　　　　　　　　178

9.3.1　融合模型：提升训练好的模型性能　178

9.3.2　测试模型：应用模型生成AI画作　181

本章小结　　　　　　　　182

课后习题　　　　　　　　182

第10章　管理和部署
——应用训练好的AI模型

10.1　4个流程，管理AI模型　　184

10.1.1　流程1：模型的开发与管理　184

10.1.2　流程2：数据集的管理和维护　184

案例 **78** 使用 IBM watsonx.data 进行
数据管理和分析　　　185

10.1.3　流程3：模型部署和性能优化　185

10.1.4　流程4：持续监控和迭代改进　186

10.2　4种方式，部署AI模型　　186

10.2.1　本地部署：稳定性高、安全性好　187

案例 **79** 在本地部署 Stable Diffusion
大模型　　　　　　　187

10.2.2　服务器端部署：扩展性强、灵活性高　188

案例 **80** 在 Google Colab 上部署
Stable Diffusion 大模型　188

10.2.3　无服务器部署：管理简便、成本较低　189

10.2.4　容器化部署：隔离性好、可移植性强　189

10.3　AI训练师实战：6个步骤，训练和发布
ChatGPT模型　　　　　190

10.3.1　第一步：创建ChatGPT应用　190

10.3.2　第二步：设置AI对话提示词　192

10.3.3　第三步：设置训练模型及参数　194

10.3.4　第四步：构建并填充知识库　195

10.3.5　第五步：文本分段与清洗　196

10.3.6　第六步：添加数据集并发布ChatGPT
应用　　　　　　　　198

本章小结　　　　　　　　199

课后习题　　　　　　　　200

附录　课后习题答案　　　　**201**

第 1 章
认识 AI 新职业
——AI 训练师

在当今数字化时代，人工智能（Artificial Intelligence，AI）已经渗透到我们生活中的方方面面，从智能家居到自动驾驶汽车，从个性化推荐系统到医疗诊断，它无处不在。随着 AI 的普及和应用，一个新兴的职业也应运而生，那就是 AI 训练师，本章将带大家深入了解 AI 训练师这一职业。

1.1 认识人工智能

人工智能，从复杂的数据分析系统到令人惊叹的语音识别技术，它赋予机器以模拟人类行为，尤其是认知行为的能力，改变了人们对机器和智能的传统理解。

人工智能不仅是计算机科学技术的尖端领域，更是引领我们进入一个全新时代的革命性力量，它正在重塑我们的生活方式，改变我们对世界的认知。那么，究竟什么是人工智能？它是如何改变世界的？它又将如何影响我们的未来？

1.1.1 认识人工智能：用 AI 开启全新时代

人工智能是一种利用计算机系统、软件和算法来模拟人类智能的技术，通过让机器学习和处理大量数据，人工智能使机器具备了类似人类的推理、判断和决策能力。人工智能涉及多个学科领域，包括计算机科学、心理学、哲学和神经科学等。

人工智能的应用范围非常广泛，涵盖了医疗保健、金融、制造、交通运输等多个行业。在医疗保健行业，人工智能可以用于诊断疾病、制定治疗方案等；在金融行业，人工智能可以用于风险评估、投资决策等；在制造行业，人工智能可以用于自动化生产线、质量控制等。

案例 1 Amazon Echo 智能音箱

Amazon Echo是一款智能音箱，如图1-1所示。其核心功能在于亚马逊开发的虚拟助理人工智能技术——Alexa。Alexa具备语音交互功能，用户只需对它说话，即可播放音乐、设置闹钟、播放有声读物，并可以获取实时的新闻、天气、体育和交通报告等信息，这不仅为用户提供了便利，更为他们带来了全新的互动体验。

图1-1　由人工智能驱动的产品实例——Amazon Echo

不过，人工智能的发展也带来了许多伦理和社会问题，如隐私保护、数据安全、就业影响等。因此，在推进人工智能技术发展时，需要综合考虑技术、伦理和社会等多方面的因素，以确保其健康和可持续发展。

1.1.2 层级分类：解析人工智能的能力

人工智能的发展是一个逐步演进的过程，目前就人工智能的发展趋势来看，可以把人工智能划分为 3 个层级，即弱人工智能、通用人工智能和超级人工智能，下面分别进行介绍。

1. 弱人工智能

弱人工智能（Artificial Narrow Intelligence，ANI）是当前已经实现的技术，它的设计目的是专注于执行特定任务，并且以目标为导向。ANI 技术在执行特定任务时展现出了强大的能力，如语音助手可以通过识别语音指令来执行任务，面部识别技术可以快速准确地识别出人脸，而自动驾驶汽车则能够根据环境信息实现自主驾驶。

这些弱人工智能技术的实现，离不开精细的编程和大量的训练数据。通过精细的编程，我们可以为机器设定特定的规则和逻辑，使其能够按照预定的方式执行任务；而大量的训练数据则可以帮助机器不断地学习和改进，提高其执行任务的准确性和效率。

案例 2 华为 ADS 2.0 高阶智能辅助驾驶系统

问界 M9 搭载的华为 ADS 2.0 高阶智能辅助驾驶系统是一个典型的弱人工智能应用案例。这个系统通过先进的传感器和算法，实现了在不同环境下的智能驾驶辅助功能。

华为 ADS 2.0 高阶智能辅助驾驶系统的核心特点是它不依赖高精度地图，这使它在全国各地都能够运行，具有很高的适应性和通用性。这种自主导航的能力是弱人工智能的一个重要体现，因为它能够根据实时感知的环境信息进行决策和控制，而不需要事先制作的高精度地图的支持。

此外，华为 ADS 2.0 高阶智能辅助驾驶系统还具有城市 NCA（Navigation Cruise Assist，智驾领航辅助）功能，如图 1-2 所示。这意味着问界 M9 将能够在城市环境中实现领航辅助驾驶功能，进一步提高了其智能化水平。这种功能依赖车辆对周围环境的感知和识别能力，以及决策和控制算法的优化，是弱人工智能技术的又一重要应用。

图1-2　问界M9的城市NCA功能

温馨提示 ●

ADS 的英文全称为 Advanced Driving System，中文解释为高阶智能驾驶系统。ADS 通过车辆上的传感器和摄像头来感知周围的环境，利用计算机视觉、机器学习等技术来识别交通情况，并基于这些信息提供辅助驾驶功能，如自适应巡航控制、自动紧急刹车、车道偏离预警等。ADS 的目标是提高驾驶安全性，减轻驾驶员的负担，并为未来的自动驾驶技术打下基础。

NCA 是自动驾驶技术的一种，其目标是提高驾驶的安全性，减轻驾驶员的疲劳，并为未来的完全自动驾驶打下基础。当车辆在高速公路、城市快速路等封闭道路上行驶时，NCA 可以在驾驶员监控下实现自动变道、自动上下匝道等功能，以辅助驾驶员完成长途驾驶任务。

尽管弱人工智能技术已经取得了很大的进展，但它仍然存在着一些局限性和挑战。例如，它只能执行特定的任务，无法像人类一样进行全面的思考和创新。此外，弱人工智能技术还需要更多的数据和计算资源来进行训练和运行，这可能会导致一些资源受限的问题。因此，未来还需要继续探索如何克服这些挑战，推动人工智能技术的进一步发展。

2．通用人工智能

通用人工智能（Artificial General Intelligence，AGI）是一种具有通用人工思维的智能机器，它不仅具备从数据中学习并应用其智能来解决任何问题的能力，还能模仿人类的智能和行为。也就是说，它能够像人类一样进行思考、理解、学习和交流，并且在这些方面表现出了卓越的能力。

AGI 的出现为我们解决许多复杂问题提供了新的思路和方法。AGI 的发展是人工智能领域的一个重要里程碑，它的出现标志着 AI 的智能水平已经提升到了一个新的高度，具备了更广泛的通用性和适应性。

案例 3 ChatGPT 可生成高质量的自然语言文本

ChatGPT 技术属于通用人工智能的范畴。ChatGPT 是一种基于深度学习的自然语言处理（Natural Language Processing, NLP）技术，它能够以类似人类的方式进行思考、理解和交流。通过大量的训练数据和模型优化，ChatGPT 已经能够生成高质量的自然语言文本，并且能够回答许多不同类型的问题，如图 1-3 所示。

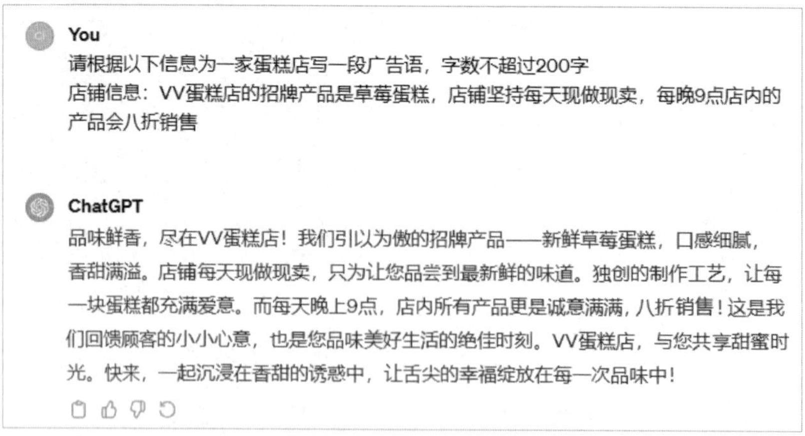

图1-3 ChatGPT可以回答用户提出的问题

目前，通用人工智能的发展还处于初级阶段，需要克服许多技术和伦理挑战。例如，如何确保机器的智能和行为符合人类的道德和伦理标准，如何确保机器的学习和决策过程透明可解释，以及如何保护用户的隐私和数据安全等问题。

3．超级人工智能

超级人工智能（Artificial Super Intelligence，ASI）是人工智能发展的终极目标，在这个阶段，人工智能不仅能够模拟人类的思维和行为，而且能够进行独立的思考和创新，解决前所未有的复杂问题。

然而，目前超级人工智能的发展还处于非常初级的阶段，需要克服许多技术和伦理挑战。首先，超级人工智能技术需要具备强大的计算和数据处理能力，以支持其进行大规模的学习和推理；其次，超级人工智能技术需要具备自我意识和独立思考的能力，这涉及复杂的认知科学和哲学问题。此外，我们还需要探索如何建立有效的算法和模型，以支持超级人工智能的创新和决策过程。

因此，超级人工智能的发展是一个长期而复杂的过程，需要我们不断探索和研究。虽然目前这个阶段还非常遥远，但我们相信随着技术的不断进步，以及社会对人工智能认知的不断提高，我们最终能够克服这些挑战，实现超级人工智能的发展目标。

1.1.3　技术革新：人工智能如何改变世界

人工智能技术近年来取得了快速发展，尤其在弱人工智能领域，不断突破技术瓶颈，出现许多实际可行的解决方案。然而，实现通用人工智能仍面临巨大挑战，需要解决机器学习等核心问题。尽管如此，随着计算能力和算法的进步，以及数据量的爆炸性增长，弱人工智能已在某些领域取代甚至超越人类的工作。

回顾历史，科技发展推动生产力提高，引发行业变革。以蒸汽机为例，詹姆斯·瓦特（James Watt）改良的蒸汽机引发了从手工劳动向动力机器生产的重大转变，这种技术革新提高了生产效率，创造了新的就业机会和财富。

在此之后，蒸汽机还逐渐应用于运输业，催生了蒸汽火车和轮船的发明，使英国商品和技术走向世界。这一技术革新过程表明，行业变革往往源于基础技术的突破，然后逐步渗透到各个行业。

如今，人工智能在算法、算力和大数据的驱动下正经历类似的变革。与蒸汽机一样，人工智能技术的广泛应用将引发行业变革，短期内可能会出现"阵痛"，但长期来看它将会创造更多价值。因此，我们应拥抱变化，积极应对新技术带来的挑战和机遇。

在人工智能技术快速发展的过程中，我们见证了多个领域的技术革新，包括机器学习、知识图谱、自然语言理解、人机交互、计算机视觉、生物特征识别及虚拟现实（Virtual Reality，VR）、增强现实（Augmented Reality，AR）等。下面重点介绍一些人工智能的革新技术。（注意，某些内容在后面章节会重点讲解，因此下面不再赘述。）

1．知识图谱

知识图谱是计算机专家系统的升级版，它通过节点和边来构建数据结构图，并以结构化的语义知识库形式存在。这种知识库的构建旨在赋予机器对文本背后含义的理解能力，通过对可描述事物的建模，填充其属性并建立与其他事物的联系，从而构建机器的"先验知识"。

案例 **4** 足球明星的知识图谱

假设我们围绕"罗纳尔多·路易斯·纳扎里奥·达·利马"这个实体进行扩展，我们可以得到一个知识图谱，其中包括他的个人资料、职业生涯、成就等信息。在这个知识图谱中，"罗纳尔多·路易斯·纳扎里奥·达·利马"是节点，其他如"世界足球先生""前巴西职业足球运动员""世界杯冠军"等都与该节点存在某种关系，这些关系则由边表示。

通过知识图谱，我们能够更全面地了解一个实体的所有信息，从而为后续的推理、分析等提供更全面的数据基础。

2．人机交互

人机交互是人工智能领域的重要技术，旨在实现更加拟人化的交互方式。传统的交互方式依赖外部设备，如键盘、鼠标等；而人工智能领域追求更自然的交互方式，相关交互方式如下。

❶ **语音交互**：人与机器之间的主要交流方式，包括语音采集、语音识别、语义理解和语音合成等技术。这种交互方式常与自然语言处理技术结合使用，形成更自然的交流体验。

❷ **情感交互**：旨在使计算机具备类似于人的情感理解和表达能力，通过情感传递，使计算机能够进行更自然、亲切和生动的交互。

❸ **体感交互**：利用肢体动作与数字设备进行自然交互的方式。与其他交互手段相比，体感交互技术降低了对用户的约束，使交互过程更加自然，目前广泛应用于游戏娱乐、医疗辅助、全自动三维建模和电商购物等领域。

❹ **脑机交互**：直接实现大脑与外界信息传递的交互方式。虽然脑机交互仍处于初级阶段，但其技术发展潜力巨大，有望在未来实现突破，目前的主要技术瓶颈包括大脑信号采集、大脑信号和机器指令的转换、信号反馈等。

案例 **5** 《阿凡达》中的脑机交互方式

在电影《阿凡达》中，脑机交互被展示为一个科幻的概念。在潘多拉星球上，下身瘫痪的前海军战士杰克·萨利通过一种先进的脑机交互技术，利用意念操控人造的阿凡达去执行各种任务。这种脑机交互技术超越了传统的交互方式，直接将大脑与外部世界相连，通过头部的复杂设备，杰克·萨利的意识被转化为指令，进而控制阿凡达的身体。这种控制方式完全不依赖外围神经和肌肉通道，而是通过解读大脑的神经活动来实现。

3．计算机视觉

计算机视觉是让计算机具备类似于人类的视觉能力，能够提取、处理、理解和分析图像与视频，它主要涉及计算机成像、图像理解和三维视觉等方面，相关介绍如下。

❶ **计算机成像**：通过探索人眼结构和相机成像原理，计算机成像旨在获得人们期望的图像效果，如绘画、去雾、去噪、暗光增强等，还有各种滤镜和图像融合等应用。

案例 **6** 文心一格的 AI 绘画功能

使用文心一格这样的 AI 绘画技术，我们可以利用神经网络和计算机成像技术创作出具有凡·高艺术风格的独特作品,如图1-4所示。文心一格能够深入学习和理解艺术家的绘画风格和技巧,并运用这些元素在全新的图像中创造出令人惊叹的视觉效果。这种AI绘画技术不仅可以帮助我们更好地理解艺术,还可以让更多的人体验创作的乐趣,开启全新的艺术创作方式。

图1-4 文心一格生成的凡·高风格的AI画作

❷ **图像理解**:计算机将图像转化为像素点和偏移信息,而图像理解则是让计算机系统理解这些信息,理解层次包括浅层(如边缘、特征点、纹理等)、中层(如物体边界、区域等)和高层(如识别、检测、分割、姿态估计、文字说明等),目前已广泛应用于人脸识别、目标检测、图像分割、OCR(Optical Character Recognition,光学字符识别)和行为分析等领域。

案例 1 Photoshop 的智能抠图功能

图像分割技术是计算机视觉领域中的一个重要分支,其目标是将图像中的各个物体进行有效的分离,以便于后续的分析和处理。在 Photoshop 中,"删除背景"功能就是利用图像分割技术实现的,它能够快速识别并删除图片中的背景区域,从而实现智能抠图功能,如图 1-5 所示。图像分割技术的实现主要依赖图像处理和机器学习等技术,通过对大量的图片进行训练和学习,让算法能够自动识别并分割出图像中的物体。

图1-5 Photoshop智能抠图示例

❸ **三维视觉**: 主要研究如何通过视觉获取三维信息，以及如何理解这些信息，可广泛应用于机器人、无人驾驶、智慧工厂、虚拟现实、增强现实等领域。

4. 生物特征识别

生物特征识别是利用个体生理或行为特征进行智能身份认证的技术，具有高安全性、便利性和私密性，广泛应用于金融、公共安全、教育、交通等领域。生物特征识别的传统技术包括指纹识别、人脸识别、虹膜识别等，新兴技术则包括静脉识别、声纹识别和步态识别等。生物特征识别的新兴技术相关介绍如下。

❶ **静脉识别**: 通过近红外光线照射手指获取清晰的静脉图像，并提取特征值进行识别，具有活体识别、体内特征不可复制、唯一稳定、不可破解等特点，安全性较高。

❷ **声纹识别**: 根据语音的声纹特征识别说话人，分为说话人辨认和说话人确认两类。不同任务和应用采用不同技术，如缩小刑侦范围时可能需要说话人辨认技术，银行交易时则需要说话人确认技术。

❸ **步态识别**: 通过走路方式识别人的身份，具有非接触远距离、多角度、光照不敏感和不易伪装等优点，在智能视频监控领域具有应用优势。

案例 8 机场利用步态识别技术监测和识别可疑人物

机场可以将步态识别技术用于监控摄像头，以监测和识别可疑人物，如图1-6所示。步态识别技术基于每个人独特的生理结构和行走姿态，通过分析体型和行走姿势来识别人的身份和状态。在远距离或复杂场景下，步态是唯一能够清晰成像的人体生物特征，这种技术的物理基础包括身高、头型、腿骨、肌肉、重心和神经灵敏度等个人独特的生理结构信息。

图1-6 步态识别技术应用示例

5．虚拟现实和增强现实

使用虚拟现实（VR）和增强现实（AR）技术，能够在数字化世界中创造出与真实环境高度相似的虚拟环境。通过这些技术，用户可以在特定范围内获得与真实世界相似的视觉、听觉甚至触觉体验。

在虚拟现实中，用户可以完全沉浸在计算机生成的数字化环境中，仿佛置身于一个全新的世界。通过特殊的设备，如 VR 眼镜和控制器，用户可以与虚拟环境中的对象进行交互，感受仿佛真实的触感和反馈，效果如图 1-7 所示。虚拟现实技术已经被广泛应用于游戏、电影、教育、医疗和军事等领域，为用户提供前所未有的沉浸式感官体验。

图1-7　VR效果示例

增强现实是一种更为先进的技术，它能够将虚拟世界与现实世界结合。通过特殊的软件和设备，AR 技术可以将数字信息、图像和对象叠加显示在用户的真实环境中，创造出一种半真实、半虚拟的"混合体验"。用户可以在现实世界中看到各种虚拟对象，并与它们进行互动，这种技术已经在许多行业中得到应用，如工业设计、零售、旅游和游戏等。

案例 9　上汽通用汽车的 AR 系列产品

上汽通用集团运用 AI 和 AR 技术，打造了"AR 看车""AR 说明书"等系列产品。用户通过手机扫描车内图标，可以实时获取对应功能介绍、动画演示和视频介绍，甚至错误提醒。这些产品基于训练卷积神经网络的深度学习技术，使用轻量级模型加快推理速度，并增强数据以减小过拟合和加强泛化能力。用户无须选择车型，只需用手机扫一扫，即可通过"AR 看车""AR 说明书"等系列产品轻松了解新车细节，如图 1-8 所示。

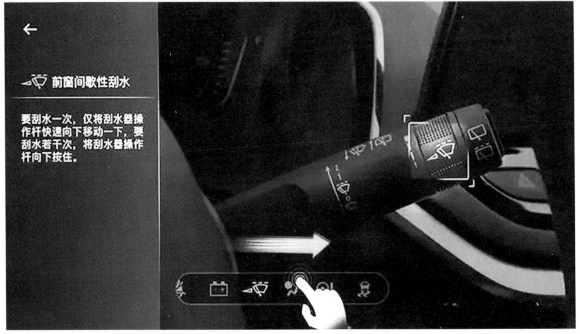

图1-8 通过"AR说明书"了解新车细节

1.1.4 十大行业变革：人工智能引领的未来趋势

在科技飞速发展的时代背景下，人工智能作为引领未来的核心力量，正在深刻地改变着各行各业，它不仅带来了前所未有的机遇，也带来了前所未有的挑战。人工智能正在重塑我们的生活方式、工作方式，甚至思考方式。在人工智能的推动下，行业变革正在以前所未有的速度和规模展开，下面介绍一些典型的被人工智能渗透的行业。

1．智能制造

智能制造对 AI 的需求主要体现在 3 个方面：智能装备、智能工厂和智能服务。这些领域都运用了各种 AI 技术，如分析推理、自然语言处理、大数据智能和机器学习等。

案例 10 海尔的 COSMOPlat 平台

海尔推出的 COSMOPlat 平台，通过连接用户需求与智能制造体系，让用户全程参与产品设计、生产、物流和升级等环节，以"用户驱动"为企业创新动力，改变传统生产和消费关系，致力于创造用户终身价值。COSMOPlat 平台能够与海尔互联工厂无缝连接，支持冰箱、洗衣机等产品的个性化定制、远程下单到智能制造的全过程。图 1-9 所示为 COSMOPlat 平台中的"工业大脑 -AI 平台"核心功能。

数据处理
提供数据预处理功能，使用户能够对原始数据进行清洗、转换和标注等操作。

模型训练
支持目标检测与语义分割类模型的训练，提供灵活的模型构建和训练配置选项。

模型优化
提供模型评估和调优功能，帮助用户提升模型性能和准确性。

算法集市
提供算法模型的浏览和试用功能，用户可以快速找到适合自己需求的算法模型。

数据集市
提供数据集的预览和评估功能，用户可以选择适合模型训练的数据集。

图1-9　COSMOPlat平台中的"工业大脑-AI平台"核心功能

2．智能家居

根据中华人民共和国工业和信息化部、国家标准化管理委员会发布的《智慧家庭综合标准化体系建设指南》，智能家居是智慧家庭的重要组成部分。人工智能对智能家居行业的影响是深远而广泛的，主要体现在以下 3 个方面。

第一，人工智能技术提升了智能家居的智能化水平，使得家居设备更加智能、高效、便捷。通过语音识别、图像识别、自然语言处理等技术，智能家居能够更好地理解用户的需求和指令，从而提供更加个性化的服务。

第二，人工智能技术提高了智能家居的安全性。智能家居系统可以利用人工智能技术实现实时监控、异常检测和自动报警等功能，保障家庭安全。

第三，人工智能技术还促进了智能家居的创新发展。通过机器学习、深度学习等技术，智能家居系统可以不断学习和改进，以适应不同用户的需求和习惯。同时，人工智能技术也推动了智能家居行业的商业模式创新，如基于大数据的用户画像和个性化推荐等。

案例 11　小米小爱鼠标控制智能家居产品

小米小爱鼠标是一款热门的智能家居产品，为用户提供了一种更加便捷、智能的家居控制方式。小米小爱鼠标不仅具有传统鼠标的控制功能，还集成了小米自家的智能语音助手"小爱同学"。用户可以通过语音指令控制家里的智能设备，包括但不限于灯光、空调、电视、窗帘等。同时，小米小爱鼠标还支持与米家智能家居设备的联动，实现自动化控制和智能推荐等功能，如图 1-10 所示。

图1-10 小米小爱鼠标的应用场景

3．智能金融

人工智能技术在金融业的应用广泛，能大幅改变金融现有格局，使金融服务更加个性化、智能化、高效且成本更低。对于金融机构的业务部门而言，AI 可助力获客和精准服务，提高效率；对于风控部门而言，AI 可增强风险控制和安全性；对于普通用户而言，AI 可实现资产优化配置，提供更完善的金融服务。目前，人工智能在金融业的应用还包括智能获客、身份识别、大数据风控、智能投顾、智能客服和金融云等。

案例 12 支付宝利用人脸识别技术实现"刷脸支付"

支付宝的"刷脸支付"功能采用了人脸识别技术，在支付宝累积的图像数据的支持下，目前能达到 99.99% 的识别准确率。"刷脸支付"广泛应用于各类线下场景，如超市、便利店、餐厅等，为用户提供了更加便捷、快速的支付体验。

4．智能交通

借助人工智能技术，可以实现各种交通元素的联通、信息共享和协同优化，构建高效、安全、便捷和低碳的出行环境。AI 在交通行业的主要应用方向包括统一的智能交通管理平台和无人驾驶技术。其中，智能交通管理平台通过采集路况信息，调整交通信号和发布路况信息，可以解决拥堵问题；无人驾驶技术则可以在一定程度上降低车祸风险，减轻通勤压力，提升出行体验。

案例 13 百度 Apollo 无人驾驶出租车

百度 Apollo 无人驾驶出租车已经在北京、长沙等地区进行了测试和运营。Apollo 的无人驾驶技术采用了激光雷达、摄像头、传感器等多项技术，实现了高精度地图、定位、控制等多项功能，能够实现完全自主驾驶。用户可以通过手机应用程序预约 Apollo 无人驾驶出租车，并在规定区域内进行自动驾驶，如图 1-11 所示。

图1-11　百度Apollo无人驾驶出租车

5. 智能安防

人工智能技术的引入，为安防行业带来了巨大的变革和机遇。智能安防与传统安防的主要区别在于智能化，能够通过机器实现智能判断，降低人力依赖，实现实时安全防范和处理。智能安防的行业应用主要集中在视频监控领域，一类是采用图像分割等技术检测目标并进行事件区分和报警联动；另一类则是利用模式识别技术对特定物体进行识别，如车辆、人脸等统计。

传统的安防工作需要大量人力进行监控和巡逻，而智能安防系统可以减轻人力负担，降低人力成本。另外，通过机器学习和图像识别等技术，智能安防系统还可以实时监测和识别异常行为、安全隐患和威胁，及时发出警报，有效地提升安全防范和处理能力。

6. 智能医疗

人工智能在医疗领域的应用前景广阔，将极大地推动医疗行业的发展。近年来，智能医疗在诊疗、疾病预测、医疗影像诊断、药物开发等方面发挥了重要作用，提高了医护人员的工作效率和一线全科医生的诊断治疗水平。

人工智能可以通过深度学习等技术，快速准确地分析大量的医疗数据，帮助医生更准确地诊断疾病，提高医疗效率和精准度。另外，人工智能还可以通过分析患者的基因信息和病史，为患者提供个性化的治疗方案和药物选择。同时，人工智能也可以加速新药的研发过程，提高新药研发的效率和成功率。

7. 智能物流

人工智能对物流行业的影响深远，主要体现在以下两个方面。

第一，人工智能技术能够提高物流效率，降低运营成本。例如，通过智能搜索、推理规划、计算机视觉等技术，可以实现货物运输过程的自动化运作和高效率优化管理，减少人力成本，提高物流效率。

第二，人工智能的应用将改变物流行业的传统模式，推动物流行业的智能化发展。传统物流行业面临人力成本高、效率低等问题，而人工智能的引入将会解决这些问题，推动物流行业向更加智能化、自动化的方向发展。

案例 14 京东物流的智能物流服务

京东物流是京东集团旗下的物流服务提供商，近年来大力投入人工智能技术的研发和应用，推出了智能仓储、智能配送、智能客服等一系列智能物流服务。通过人工智能技术的应用，京东物流实现了仓储、配送和客服等环节的自动化和智能化，大大提高了物流效率，降低了运营成本，提升了用户体验。图1-12所示为京东物流推出的室内配送机器人，能够打通楼宇之间的横向与纵向配送网络，完成"最后100米"的末端配送任务。

图1-12 京东物流推出的室内配送机器人

同时，京东物流还通过大数据分析和预测等手段，对货源、运输、仓储等环节进行精准把控和优化，实现了智能化的物流管理和运营。

8. 智能教育

首先，人工智能促进了教育的个性化和精细化，使每个学生都能获得更符合其需求的教学方案，提升了教育效果；其次，人工智能技术提高了教学效率，减轻了教师负担，使他们有更多的时间专注于创新教学内容和方式。

另外，人工智能也优化了教育资源的共享和分配，使优质资源得以更广泛传播，提升了整体教育水平。通过数据分析和虚拟现实等技术，人工智能还增强了学生的学习体验，使他们能在更生动有趣的环境中高效学习。

9. 智能零售

智能零售主要通过人工智能技术对商品销售过程进行升级改造，实现线上服务与线下体验的深度融合。如今，一些无人超市运用计算机视觉、生物特征识别和机器学习等技术，在降低人力成本的同时，为顾客提供了新颖的购物体验。

案例 15 阿里巴巴的无人值守咖啡店——"淘咖啡"

阿里巴巴推出的"淘咖啡"是一个无人值守的咖啡店，通过运用人脸识别、智能支付等技术，实现了快速、自动化的购物体验。顾客只需在店内扫描二维码并绑定支付宝，挑选咖啡后通过人脸识别完成支付，即可带走咖啡。整个购物过程无须排队等待，大大提高了购物的便利性和效率。"淘咖啡"的推出展示了阿里巴巴在智能零售领域的创新实力，也为国内无人超市的发展提供了有益的探索。

10. 生活服务

人工智能为生活服务带来了巨大的变革机会，有助于提升服务的个性化、便捷性和效率。总的来说，人工智能在生活服务领域的应用主要以手机为核心，致力于提升用户体验。通过手机收集用户的行为习惯，并利用这些数据来训练模型，实现个性化推荐功能，从而为用户提供贴身的个人助理服务。

例如，当你在游玩时看到一束花，通过手机的相关应用即可知道这朵花的相关信息。同样，当你看到朋友在朋友圈分享的风景照时，无须在评论区询问地点，只需点击图片进行搜索，手机便会为你提供游玩地点和相关景点的详细信息。

案例 16 美团利用人工智能技术提供智能推荐和个性化服务

美团利用人工智能技术，为用户提供智能推荐和个性化服务。通过分析用户的消费习惯和喜好，美团可以为用户推荐合适的餐厅、菜品等，提升用户的消费体验。同时，美团还利用人工智能技术优化了配送系统，提高了配送效率，为用户提供更加便捷的服务。

此外，美团还利用人工智能技术提升了服务的安全性和可靠性。例如，利用智能语音识别技术，用户可以通过语音指令完成订餐操作，避免了手动输入带来的错误。

1.1.5 AI 训练师的出现：赋予人工智能"人性之魂"

在智能化时代，人工智能正逐渐成为推动各行业变革的核心驱动力。在这场技术革新的浪潮中，AI 训练师扮演着关键角色，他们致力于培养新一代 AI 人才，并助力 AI 技术在各个领域的实际应用。

AI 训练师可以帮助企业和组织深入理解 AI 的实际应用价值，推动 AI 技术在更多领域落地。通过培训活动，AI 训练师能够收集 AI 应用的真实反馈，为 AI 算法的优化、性能的提升和产品的改善提供有价值的信息。

案例 17 通过训练模型提高智能语音助手的准确率和响应速度

智能语音助手是一种可以通过语音交互为用户提供服务的产品，如智能音箱、车载语音助手（见图 1-13）等。AI 训练师可以通过训练模型，让智能语音助手更好地识别和理解用户的语音指令，提高其准确率和响应速度。同时，他们还可以根据用户反馈的信息，优化语音助手的交互方式和功能，使其更符合用户需求和习惯。通过 AI 训练师的优化，智能语音助手可以更好地为用户提供服务，如播放音乐、查询信息、设置提醒等，提高用户体验和产品价值。

图1-13　车载语音助手

总之，AI 训练师的出现，可以说是人工智能发展历程中一道独特的风景线，他们不仅仅是 AI 技术的传授者或 AI 应用的推动者，更是赋予人工智能"人性之魂"的艺术家。

在机器与人的互动中，AI 训练师用情感和智慧填补了冷冰冰的算法与多变的现实世界之间的鸿沟。他们理解 AI 的潜能，也洞察其局限，使得 AI 在为人类提供服务时，更接近人类的期望和需求。可以说，AI 训练师正是那个在技术与人性之间架起桥梁的人。

1.2 全方位了解AI训练师

人工智能技术使我们的生活更加便利，如智能安防、智能物流和智能交通等，而在这个过程中，一个新兴职业——AI 训练师发挥着至关重要的作用，他们充当人工智能的教练，使其更理解人类需求。

AI 训练师是人工智能领域中的重要职业，他们主要负责训练 AI 模型，使其能够更好地理解人类语言和指令，以及更好地解决实际问题。随着人工智能技术的不断发展，AI 训练师的需求也将不断增加，他们将成为未来数字化时代的重要人才。

1.2.1　AI 训练师的起源：技术发展的必然产物

AI 训练师这一新兴职业，起源于人工智能技术的快速发展与普及。在过去的几年里，随着 AI 在各行各业的广泛应用，如制造业、医疗、金融、零售、娱乐、教育等领域，对 AI 系统的优化需求急剧增加，这为 AI 训练师的出现提供了所需的土壤。

过去，AI 产品经理会简单处理数据，再交给标注人员。但标注人员对数据的理解及标注质量存在差异，导致工作效率低下。另外，细分领域内的数据使用后便失去价值，造成数据无法沉淀和复用的问题。针对这两个问题，AI 训练师这一职业应运而生。

AI 训练师的主要职责是从技术和应用角度,对 AI 系统或模型进行深度优化和训练,使其能适应各种复杂任务。他们的工作不仅包括对 AI 系统或模型的简单调整和优化,还包括评估 AI 系统或模型的性能,探寻进一步优化的空间。他们的目标是使 AI 系统或模型在提高生产力、改善客户体验、加速创新和降低运营成本等方面发挥最大潜力。

案例 18 网易云商智能客服系统——七鱼在线机器人

网易云商平台推出的七鱼在线机器人是一种智能客服系统,经过 AI 训练师的优化,可以更准确地识别用户的意图和问题,同时提供更加人性化和个性化的回复和建议,如图 1-14 所示。这不仅提高了用户的满意度和忠诚度,还大大减轻了人工客服的工作负担,提高了企业的运营效率。

图1-14 七鱼在线机器人智能客服系统演示效果

AI 训练师的技能要求相当高,不仅需要深入理解 AI 基础理论和技术,熟悉各种 AI 框架和算法,还需要具备一定的编程能力。此外,解决问题的能力、创新思维和良好的沟通技巧也是他们必备的能力。

随着 AI 技术的进一步发展和在各行业的深入应用,AI 训练师的就业前景十分广阔。他们将在推动 AI 技术的发展、提升 AI 系统的性能,以及优化和改进 AI 应用等方面发挥关键作用。可以预见,随着 AI 技术的不断进步和普及,AI 训练师这一职业将在未来持续发挥重要作用,成为推动人工智能领域发展的重要力量。

1.2.2 AI 训练师的基础能力:专业素养与实践技能

在人工智能技术的快速发展背景下,AI 训练师作为这一领域的专业人才,发挥着越来越重要的作用。他们不仅需要具备深厚的专业素养,还需要掌握丰富的实践技能,这些能力对于推动 AI 技术的实际应用、优化 AI 系统的性能及解决实际业务问题至关重要。AI 训练师的工作职责要求他们具备多方面的基础能力,具体如下。

❶ **扎实的数据处理和分析能力**:AI 训练师需要熟悉科学的数据获取方法论,能够运用各种数据处理工具进行高效的数据处理和分析。同时,他们还需要具备较强的逻辑思维,能够从数据中发现规律和趋势。

❷ **丰富的行业背景知识**：AI 训练师需要熟悉行业数据的特点，以及行业发展趋势和竞争态势，特别是对公司所属行业、领域有深入的了解，从而更好地理解和应用人工智能技术。

❸ **敏锐的分析能力**：AI 训练师需要根据产品的数据需求，及时发现和提炼问题特征，通过深入分析找出潜在的问题和解决方案。他们需要从海量数据中挖掘出有价值的信息，为产品的优化和改进提供有力的支持。

❹ **良好的沟通能力**：AI 训练师需要与不同岗位的同事进行频繁的交流和合作，因此需要具备清晰、简洁的表达能力，能够将专业的术语和概念用通俗易懂的方式进行解释。

❺ **对人工智能技术的理解**：AI 训练师需要了解基本的 AI 概念和技术原理，了解 AI 技术的边界和限制，从而更好地选择和应用合适的技术来解决实际问题。

❻ **对 AI 行业的深入理解**：AI 训练师需要了解 AI 行业的发展动态和趋势，了解行业的痛点和挑战，从而能够针对实际场景设计出符合需求的 AI 解决方案。同时，他们还需要关注市场的变化和用户的需求，了解用户的行为和偏好，从而为产品的发展提供有价值的建议和思路。

案例 19 AI 训练师在智能推荐系统中的核心作用

达观智能推荐系统与众多企业建立了合作关系，内置多种算法，包括深度学习和协同过滤等。该智能推荐系统针对不同行业特点进行了深度优化，显著提升了业务核心指标，如转化率、点击率和留存率。达观首创的四段式推荐流程——召回、排序、后处理和兜底，允许厂商根据业务场景和指标要求进行策略配置，从而自主掌控推荐结果。

AI 训练师在智能推荐系统中扮演着至关重要的角色，他们负责整合和深度挖掘用户数据，包括人口统计数据、偏好数据和行为数据，以生成用户画像，如图 1-15 所示。这些用户画像可根据业务需求自定义标签，为精准营销、用户运营和推荐系统优化提供有力支持。

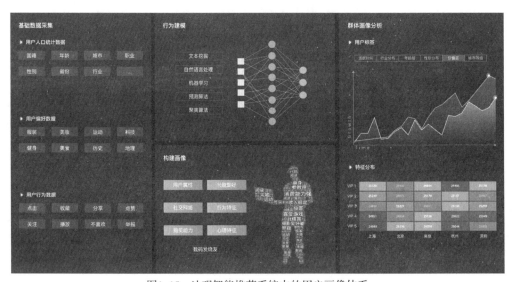

图1-15　达观智能推荐系统中的用户画像体系

此外，智能推荐系统还依赖于大量的语料积累和先进的自然语言处理技术，实现文本分类、标签提取、文本审核、情感识别和知识图谱构建等功能。同时，这些功能能够提供更精准的特征数据，进一步增强推荐系统的准确性。

1.2.3 AI 训练师的人才缺口：挑战与机遇并存

随着人工智能技术的快速发展，AI 训练师这一职业逐渐成为行业关注的焦点。AI 训练师是人工智能领域中的重要角色，负责训练、优化和部署 AI 模型，以满足不同业务需求。然而，目前 AI 训练师的人才缺口正逐渐扩大，这给行业带来了挑战，但同时也带来了机遇。

AI 训练师为什么会存在人才缺口？一方面，随着人工智能技术的普及，越来越多的企业开始需要 AI 训练师来支持其业务发展；另一方面，AI 训练师需要具备丰富的技能和经验，包括机器学习、深度学习、数据科学等领域的知识，以及实际的项目经验，然而目前具备这些技能的 AI 训练师数量有限，无法满足市场的需求。

这一人才缺口的存在给行业带来了挑战，企业需要花费更多的时间和精力去寻找合适的 AI 训练师，而且往往难以找到具备全面技能和经验的人才。这限制了企业人工智能应用和发展的速度，也增加了企业的招聘成本和管理难度。

另外，AI 训练师的人才缺口也带来了机遇。首先，对于具备 AI 训练师技能的人才来说，他们的职业发展前景更加广阔，市场需求大，职业机会也更多；其次，对于企业来说，如果能够招聘到合适的 AI 训练师，将大大提升其人工智能应用水平，加速业务创新和发展。

为了解决 AI 训练师的人才缺口问题，需要采取多种措施。首先，要加强人才培养和培训，提高 AI 训练师的技能和经验水平；其次，企业可以加强内部培训和知识分享，提高现有员工的技能水平。此外，企业还可以通过合作和联盟等方式共享 AI 训练师资源，共同推进人工智能技术的发展和应用。

1.2.4 AI 训练师的职业规划：持续发展与未来展望

对于 AI 训练师的人才来源，主要是工作经验为 1 ~ 3 年的互联网产品经理，由于他们具备丰富的数据处理和产品开发相关经验，因此在选拔人才时，公司会优先考虑他们。同时，从客服等和数据有关的运营岗位中平级转岗，以及从数据标注人员中择优提拔，也是 AI 训练师的两大来源。因此，对于互联网产品经理来说，成为 AI 训练师是一个很好的职业发展方向。

在职业发展的过程中，AI 训练师可以通过不断提升自己的技能和经验来获得更多的晋升机会。其中，成为 AI 产品经理是一个很好的上升职位。AI 产品经理更关注整体的产品体验和商业价值，为公司创造更大的价值。同时，他们需要具备更全面的能力素质，如 AI 技术理解力、AI 人机交互设计能力、AI 行业理解力等。因此，对于有志在人工智能领域取得更高成就的 AI 训练师来说，成为 AI 产品经理是一个很好的选择。

为了成功转型为 AI 产品经理，AI 训练师需要付出一定的努力和时间。他们需要不断提升自己的技能和经验，抓住内部转岗或借调的机会，逐步提升自己的技能和职位。同时，他们还需要关注行业动态和技术发展趋势，了解市场需求和竞争态势，以便更好地把握机会和应对挑战。

随着人工智能技术的不断发展和普及，AI 训练师的需求将会继续增加。因此，对于 AI 训练师来说，未来的职业发展前景仍然非常广阔。同时，随着技术的不断进步和应用领域的拓展，AI 训练师的工作内容和职责也将不断变化和扩展，他们需要不断学习新技术、新方法，提升自己的技能和经验水平，以适应行业发展的需要。

此外，随着人工智能技术的普及和应用领域的拓展，AI 训练师的来源职位也将更加多样化。除了 AI 产品经理，数据科学家、机器学习工程师、数据分析师等也将成为 AI 训练师的潜在转型方向。因此，对于这些相关职业的人来说，掌握 AI 技术也是非常重要的。

1.2.5 AI 训练师的发展前景：新兴职业的无限可能

随着人工智能技术的广泛应用，越来越多的企业和组织开始意识到 AI 的重要性，并开始引入 AI 技术来解决实际问题，因此各行业对 AI 训练师的需求急剧增加。从互联网、金融、医疗、教育到电商、物流、制造等行业，都需要 AI 训练师来提供专业的技术支持和服务。

案例 20　百度智能云平台的智能推荐引擎产品

百度智能云平台推出的智能推荐引擎产品，实现了基于海量文本、图片、视频等数据的大规模预训练模型学习。AI 训练师在训练的过程中，负责数据治理、模型优化和部署监控等方面的工作，确保推荐引擎的精准度和稳定性。通过 AI 训练师的努力，该智能推荐引擎提供了精准的内容结构化能力、可解释推荐结果和规则定制能力，为构建全链路推荐系统提供了强大的支持。

图 1-16 展示了上述智能推荐引擎的产品架构，基于用户数据、行为数据、物料数据等多方数据源，训练三段式"召回—排序—融合"推荐算法，依托百度高性能、高可靠的工程架构保障，构建全链路推荐系统，AI 训练师在背后发挥了不可或缺的作用。

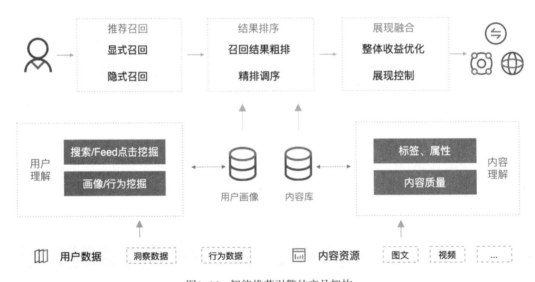

图1-16　智能推荐引擎的产品架构

另外，随着人工智能技术的不断进步和应用领域的拓展，AI 训练师的职责范围也将不断扩大，同时技能要求也将不断提高。除了传统的模型训练和优化工作，AI 训练师还需要关注数据治理、算法选择、模型部署与监控等方面的工作。同时，他们还需要与业务团队密切合作，深入了解业务需求，提供更具针对性的解决方案，这将为 AI 训练师提供更多的职业发展机会和挑战。

温馨提示 ●

　　图 1-16 中 "Feed 点击挖掘" 是指对来自 RSS（Really Simple Syndication，简易信息聚合）数据源或其他数据源的点击行为进行深入分析，以了解用户对哪些内容感兴趣，或者哪些内容更容易吸引用户点击。

本章小结

　　本章讲解了 AI 训练师这一新兴职业。先介绍了 AI 的基本概念，包括其定义、层级分类及如何通过技术革新改变世界；然后详细描述了 AI 训练师的起源、基础能力、人才缺口及职业规划等内容。通过学习本章内容，读者能够了解 AI 训练师各个方面的内容，为未来的职业发展做好准备。

课后习题

　　鉴于本章知识的重要性，为了帮助读者更好地掌握所学知识，下面将通过课后习题帮助读者进行简单的知识回顾。

1．人工智能可以划分为哪几个层级？

2．AI训练师需要掌握哪些基础能力？

第 2 章
能力培养
——成为一名合格的 AI 训练师

在第 1 章中，我们了解了 AI 训练师这一新兴职业的背景和概念，认识到 AI 训练师是引领人工智能发展的关键角色，他们需要具备专业素养和实践技能，以赋予人工智能"人性之魂"。那么，如何成为一名合格的 AI 训练师呢？本章我们将探讨 AI 训练师所需的主要能力，帮助大家进一步了解这一充满挑战与机遇的新兴职业。

2.1 AI训练师知识与技能的全面解析

AI 训练师，作为引领人工智能发展的先锋，需要具备广泛而深入的知识与技能。他们不仅需要了解人工智能的基本原理和技术，还需要掌握计算机操作知识、数学基础知识、编程技能、特征能力工程、数据处理知识、人工智能基础知识等。

此外，AI 训练师还需要具备出色的实践能力，能够将理论知识应用于实际场景中，解决复杂的 AI 问题。本节将全面解析 AI 训练师所需的知识与技能，帮助大家深入了解这一职业所需的核心能力，并为成为一名优秀的 AI 训练师打下坚实的基础。

2.1.1 计算机操作知识：AI 训练师基础中的基础

在当今数字化时代，计算机操作已成为一项基本技能。AI 训练师不仅需要掌握各种常用办公软件和网络应用，还需要了解计算机的基本操作技巧，以确保日常工作的顺畅进行。下面是 AI 训练师需要掌握的一些计算机操作知识，这些知识将帮助他们更好地进行人工智能的训练和开发工作。

❶ **操作系统基础**：掌握计算机操作系统（如 Windows、Linux 等）的基本概念、功能和使用方法，能够进行系统的安装、配置和管理。图 2-1 所示分别为 Windows 10 系统和 Windows 11 系统界面，这些操作系统可以为 AI 训练师提供所需的各种开发工具和软件，帮助他们更高效地进行人工智能的训练和开发。

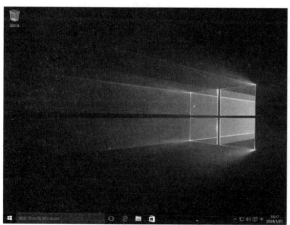

图2-1 Windows 10系统界面（左图）和Windows 11系统界面（右图）

❷ **办公软件操作**：熟悉常用的办公软件，如 Word、Excel、PowerPoint 等，掌握其基本操作和常用功能。

❸ **网络应用**：了解网络的基本概念，掌握互联网浏览器的使用方法，能够进行网络搜索、网页浏览、邮件收发等操作。

❹ **数据传输与管理**：熟悉文件和文件夹的管理、文件搜索、文件压缩等操作，能够进行数据备份和恢复操作。

⑤ **软件开发工具**：掌握一些常用的软件开发工具，如集成开发环境（Integrated Development Environment，IDE）、版本控制系统等。

⑥ **计算机硬件与性能优化**：了解计算机硬件的基本组成和工作原理，具备一定的硬件维护和性能优化能力。

⑦ **安全防护与病毒查杀**：了解网络安全的基本知识，掌握防病毒软件的安装与配置，能够进行系统的安全防护和病毒查杀等操作。

⑧ **虚拟化技术与云计算应用**：熟悉虚拟化技术的概念和原理，了解云计算的基本应用和服务，如云存储、云桌面等。

2.1.2　数学基础知识：AI 训练师的核心能力

数学是人工智能技术的核心基础，许多人工智能算法和模型都依赖于数学原理和公式。掌握数学基础知识可以帮助 AI 训练师更好地理解算法的工作原理，进而在实际应用中进行有效的模型训练和优化。

另外，数学基础知识在数据处理、特征提取、模型评估等方面也具有重要的作用。通过数学分析，AI 训练师能够更准确地处理数据、提取关键特征，并评估模型的性能和准确性。因此，数学基础知识对于 AI 训练师来说是必不可少的，它有助于提升 AI 训练师的技术水平和实践能力，进而提高人工智能系统的性能和应用效果。

虽然不要求每个人在开始机器学习或人工智能的工作前，都必须深入掌握所有的数学知识，但基本的数学知识对于实际应用是至关重要的。对于希望在这个领域取得突破的从业者来说，对以下数学知识有基本的了解将会大有裨益。

① **线性代数**：作为数学的一个分支，线性代数主要研究线性方程组、向量空间、矩阵等对象。在深度学习中，线性代数提供了向量运算、矩阵运算等基础工具，是建立复杂模型和算法的基础。

案例 21　用线性代数实现线性回归模型

线性代数在人工智能训练中有着广泛的应用，其中一个典型的应用案例是在机器学习领域中的线性回归模型。线性回归是一种用于预测连续数值的机器学习算法，它通过建立自变量和因变量之间的线性关系来进行预测。在线性回归模型中，线性代数发挥着关键的作用，具体如下。

① 线性代数用于表示线性回归模型的数学形式。线性回归模型可以表示为 $y=wx+b$，其中 y 是因变量，x 是自变量，w 和 b 是模型的参数。在这个表达式中，w 和 x 都是向量，b 是一个标量。通过使用线性代数的符号和表示方法，可以方便地描述和操作这些向量和标量。

② 线性代数用于计算线性回归模型的参数。为了找到最佳的 w 和 b，需要使用最小二乘法来拟合数据。最小二乘法通过最小化预测值和实际值之间的平方误差来求解模型参数。这个过程中涉及矩阵的运算和求解线性方程组，都需要线性代数的知识。

③ 线性代数用于评估线性回归模型的性能。评估指标如均方误差和相关系数等，都需要使用线性代数的计算方法和公式。

② **概率论和统计学**：这些知识为机器学习提供了理论支持，可以帮助我们理解和预测数据的内在规律。从概率分布到参数估计，再到假设检验，概率论和统计学为深度学习模型提供了数据分析和推理的

基本工具。

❸ **微积分**：微积分作为数学的基石之一，在深度学习中发挥着关键作用，它涉及函数、极限、导数和积分等概念，这些概念在优化算法中经常用到，如梯度下降等。

❹ **凸优化**：这是解决优化问题的一种方法，主要关注目标函数是凸函数的情况。在深度学习中，许多损失函数和优化问题都可以转化为凸优化问题，因此理解和掌握凸优化的理论和方法对于解决这些问题至关重要。

2.1.3　编程技能：实现人工智能的关键所在

编程是实现人工智能算法和模型的核心方法，AI 训练师需要使用编程语言和开发工具（如 Python、TensorFlow 或 PyTorch 等）来开发和训练人工智能系统。掌握编程技能，可以使 AI 训练师更高效地完成模型的开发、调试和优化等工作。

通过编程，AI 训练师能够自动化处理数据、编写数据处理脚本，并快速开发新的算法和模型。此外，编程技能还有助于 AI 训练师与其他技术团队合作，实现 AI 模型的跨平台集成和部署。

案例 22　用 Python 机器学习语言实现人工神经网络

Python 是机器学习中非常受欢迎的语言，大部分的机器学习开发人员都将 Python 作为首选开发语言。Python 的吸引力主要源自两个方面：一方面，它的学习曲线相对平缓，对于初学者来说较为友好；另一方面，Python 具有出色的可扩展性和开源性，使其成为机器学习领域的理想选择。

Python 在人工智能训练中有着广泛的应用，其中一个典型的应用案例就是使用 Python 实现人工神经网络（Artificial Neural Network，ANN）的训练过程。人工神经网络是一种模拟生物神经网络结构和功能的机器学习模型，它可以通过训练来学习并优化其权重和结构，以解决各种复杂的任务。Python 作为一种易于学习和使用的编程语言，成了人工神经网络开发的常用语言。

在 Python 中，有许多流行的库可用于训练和实现人工神经网络，如 TensorFlow 和 PyTorch。这些库提供了丰富的功能和工具，使 AI 训练师能够轻松地构建和训练神经网络模型。以 TensorFlow 为例，AI 训练师可以使用 TensorFlow 创建一个简单的全连接神经网络。先导入必要的库和模块，并定义输入数据和标签；然后构建一个多层感知器（Multi-Layer Perceptron，MLP）模型，并使用反向传播算法来训练模型。通过不断地迭代训练过程并调整权重和偏置项，模型将逐渐学习并优化其预测性能。

此外，Python 还提供了丰富的数据处理和分析库，如 NumPy 和 Pandas，使 AI 训练师能够轻松地处理和清洗数据。这些库提供了各种数学函数和算法，用于执行复杂的数学运算、矩阵计算和统计分析等任务。

2.1.4　特征能力工程：挖掘数据深层价值的艺术

特征能力工程是提升机器学习模型性能的关键步骤，通过精心地选择和构建特征，AI 训练师能够帮助模型更好地理解数据，捕捉到隐藏在原始数据中的重要信息。优秀的特征能够显著提高模型的准确性、稳定性和泛化能力，使模型在实际应用中的表现更出色。

另外，特征能力工程也是一项需要具备相关领域知识和创造性思维的挑战性工作。AI 训练师需要深入理解业务背景和数据特性，运用专业知识完成特征选择、特征构建和特征转换等工作。在这个过程中，他们需要不断尝试、优化和创新，以找到最佳的特征组合和表示方式。因此，特征能力工程不仅对提升模型性能至关重要，而且是 AI 训练师展现技术实力和创造力的重要舞台。

案例 23 Gmail 可准确识别垃圾邮件

Gmail（谷歌邮箱）借助强大的机器学习算法，能够准确地识别垃圾邮件，如图 2-2 所示。垃圾邮件分类是一个经典的机器学习问题，目的是通过训练模型自动识别垃圾邮件并将其过滤掉。为了解决这个问题，特征能力工程起着至关重要的作用。

图2-2 Gmail的垃圾邮件识别功能

在垃圾邮件分类中，特征能力工程的目标是从原始邮件文本中提取最具区分度的特征，以帮助机器学习模型更好地识别垃圾邮件。这需要 AI 训练师进行一系列的特征选择、特征转换和特征降维操作，具体如下。

❶ AI 训练师需要从大量原始邮件文本中提取关键特征，如单词频率、短语模式、邮件长度等，这些特征可以反映邮件的内容和性质，为后续的模型训练提供数据。

❷ 为了提高模型分类的准确性，AI 训练师可能需要对特征进行转换和组合。例如，可以采用文本向量化技术将文本特征转换为高维向量，以便更好地处理和识别模型。此外，还可以利用特征选择算法（如基于统计的方法或基于模型的方法）来去除无关或冗余的特征，降低特征维度，提高模型的泛化能力。

❸ 经过特征选择和转换后，AI 训练师可以使用机器学习算法（如朴素贝叶斯、支持向量机或神经网络）来训练分类器模型。通过训练和优化模型，AI 训练师可以不断提升模型分类的准确率，降低误判率，提高垃圾邮件过滤系统的性能。

特征能力工程是指对原始数据进行预处理和转换，以提取对机器学习算法建模有用的特征的过程。它是机器学习中非常重要的一环，因为特征的好坏直接影响到模型性能的好坏。特征能力工程的目标是最大限度地从原始数据中提取特征，以供算法和模型使用。

在特征能力工程中，需要掌握以下关键技能和知识。

❶ **数据预处理**：包括数据清洗、缺失值处理、异常值处理、数据标准化等。

❷ **特征提取**：从原始数据中提取与预测目标相关的特征，这需要深入理解业务背景和数据特性，并运用相关领域知识。

❸ **特征选择**：通过各种特征选择算法，如过滤式、包装式、嵌入式等，从大量特征中选取最相关、最有用的特征。

❹ **特征转换**：将特征进行转换，以更好地表示数据的内在规律和模式，如特征编码、特征降维等。

❺ **特征评估**：通过各种评估指标和方法，评估特征的质量和效果，以便进一步优化特征工程。

掌握这些技能和知识，需要 AI 训练师深入学习理论知识并进行大量的实践，不断尝试、优化和创新。此外，也需要熟悉各种机器学习算法和模型，以便更好地应用特征能力工程。

2.1.5　数据处理知识：数据为王的时代必备

作为 AI 训练师，深入理解数据的全流程处理和管理方法是至关重要的，这包括但不限于数据采集、预处理、数据标注和数据管理等环节，相关介绍如下。

❶ **数据采集**：这是所有工作的基础，采集的数据质量直接决定了后续工作的效果，AI 训练师需要了解如何从各种来源有效、准确地采集数据，并确保数据的完整性和一致性。

|案例 24| Scrapy 可快速采集大量数据

Scrapy 是一个用于网络爬虫和数据抓取的 Python 框架，它提供了一整套工具和库，使数据采集变得相对简单和高效。图 2-3 所示为使用 Scrapy 采集的职位信息数据表。

	A	B	C	D	E
1	职位	薪酬	更新时间	浏览人数	申请人数
2	软件工程师	15000-20000元/月	更新: 今天	浏览:3042人	申请:93人
3	软件工程师	7000-12000元/月	更新: 今天	浏览:575人	申请:67人
4	软件工程师	8000-16000元/月	更新: 今天	浏览:1040人	申请:45人
5	软件工程师	6000-8000元/月	更新: 今天	浏览:2508人	申请:319人
6	软件工程师	5000-8000元/月	更新: 今天	浏览:6970人	申请:238人
7	软件工程师	8000-10000元/月	更新: 今天	浏览:341人	申请:28人
8	软件工程师	6000-9000元/月	更新: 今天	浏览:1721人	申请:228人
9	Java开发工程师	6000-8000元/月	更新: 今天	浏览:3364人	申请:106人
10	软件工程师	5000-8000元/月	更新: 今天	浏览:18819人	申请:463人
11	软件工程师	5000-8000元/月	更新: 今天	浏览:10332人	申请:350人
12	软件工程师	20000-30000元/月	更新: 今天	浏览:531人	申请:24人
13	软件工程师	5000-10000元/月	更新: 今天	浏览:506人	申请:13人
14	软件工程师	3500-4800元/月	更新: 今天	浏览:16327人	申请:1453人
15	软件工程师	15000-25000元/月	更新: 今天	浏览:52人	申请:2人
16	软件工程师	13000-20000元/月	更新: 今天	浏览:368人	申请:19人
17	软件工程师		更新: 19 天前	浏览:2135人	申请:328人
18	软件工程师	9000-15000元/月	更新: 今天	浏览:783人	申请:66人
19	Java开发工程师		更新: 39 天前	浏览:689人	申请:46人
20	程序员	6000-8000元/月	更新:	浏览:1092人	申请:92人

图2-3　使用Scrapy采集的职位信息数据表

Scrapy 的主要特点如下。

①　异步引擎：Scrapy 使用 Twisted（一个 Python 网络框架，提供了异步的网络编程框架和工具）作为其异步引擎，使数据采集过程能够并行地、非阻塞地进行。

②　强大的选择器：Scrapy 使用 CSS 选择器（用于选择具有指定属性的元素）或 XPath 选择器（使用路径来定位元素）来定位和提取网页中的数据，这使得提取结构化的、嵌入在 HTML（HyperText Markup Language，超文本标记语言）或 XML（eXtensible Markup Language，可扩展标记语言）中的数据变得非常容易。

③　调度器：Scrapy 具有内置的调度器，可以按照一定的时间间隔来请求获取网页数据，从而实现定时采集。

④　持久性：Scrapy 支持将爬取的数据存储到多种存储后端，如数据库、CSV 文件等。

> **温馨提示●**
>
> 　　CSV文件即逗号分隔值（Comma-Separated Values）文件，是一种纯文本文件格式，用于存储表格数据。CSV文件由任意数目的记录组成，每条记录由字段组成，字段间的分隔符是逗号或制表符。CSV文件通常用于电子表格或数据库软件中，可以在不同程序之间转移表格数据。

⑤　插件系统：Scrapy 有一个强大的插件系统，用户可以轻松地扩展其功能，如处理 HTTP（HyperText Transfer Protocol，超文本传输协议）认证、跟踪链接、处理 JavaScript（一种高级的、动态类型的编程语言）等。

通过 Scrapy，AI 训练师可以快速、高效地采集大量数据，为机器学习模型的训练提供充足的数据集。同时，Scrapy 还提供了丰富的功能，使 AI 训练师可以根据项目的需求进行定制和扩展。

❷　预处理：预处理工作包括数据的清洗、去重、格式转换等步骤，以确保数据的质量和准确性。

❸　数据标注：对于机器学习任务，数据标注是必不可少的步骤，AI 训练师不仅需要了解如何进行数据标注并确保标注的质量和准确性，还需要了解不同的标注方法和工具，如手动标注、自动化标注等，并能够根据项目的需求选择合适的标注方法。

❹　数据管理：AI 训练师需要了解如何有效地管理数据，包括数据的存储、备份、版本控制等。此外，他们还需要确保数据的可访问性和安全性，并能够快速地提供数据以支持模型的训练和验证。

综上所述，AI 训练师需要全面了解数据处理的整个流程，每个环节都对最终的模型训练效果有着直接的影响，因此需要给予足够的重视。

2.1.6　人工智能基础知识：深入理解 AI 的脉络

除了上述知识和技能，AI 训练师还需要掌握以下人工智能基础知识。

①　机器学习和深度学习算法：AI 训练师需要掌握各种机器学习和深度学习算法，如决策树、支持向量机、神经网络等。本书后面章节会重点介绍机器学习和深度学习算法，此处不再赘述。

②　数据结构和算法：AI 训练师需要掌握数据结构和算法，以便在实现 AI 算法时进行优化。

❸ **数据库知识：** AI 训练师需要了解数据库设计和 SQL（Structured Query Language，结构化查询语言）等知识，以便有效地处理大规模数据。

❹ **计算机视觉：** 如果涉及计算机视觉方面的工作，AI 训练师还需要掌握计算机视觉算法，如图像识别、目标检测等。

案例 25 使用图像识别技术的智能交通监控系统

通过使用图像识别技术，智能交通监控系统能够自动识别交通违规行为、车辆类型、人数统计等，并实时对交通情况进行监测和预警，如图 2-4 所示。

在智能交通监控系统中，AI 训练师需要使用大量的图像数据来训练模型，以提升图像识别的准确率。可以使用各种机器学习算法，如深度学习、卷积神经网络等，对图像进行特征提取和分类。

在训练过程中，AI 训练师需要处理大量的交通监控视频和图片数据，从中提取出有用的特征和信息。此外，还需要对模型进行调参和优化，以实现更好的识别

图2-4　智能交通监控系统

别效果。AI 训练完成后，智能交通监控系统可以为交通管理部门提供实时监测和预警服务，这有助于提高监测效率和安全性，减少交通事故的发生。

❺ **自然语言处理（NLP）：** NLP 是 AI 领域的一个重要分支，也是 AI 训练师需要掌握的重要基础知识，这有助于提高 AI 系统的性能和用户体验。NLP 主要涉及从文本数据中识别、理解、生成自然语言的技术，包括分词、词性标注、命名实体识别、句法分析、语义理解等。

❻ **项目开发和管理的知识：** AI 训练师需要了解项目开发和管理的知识，如软件工程、项目管理等，以便在实际工作中开发和管理 AI 项目。

需要注意的是，随着人工智能技术的不断发展，AI 训练师需要不断学习和更新自己的知识，以适应新的技术和应用场景。

2.2 AI训练师的工作职责与从业领域

随着人工智能技术的不断发展，AI 训练师的职责和从业领域也在不断扩大。本节将介绍 AI 训练师的工作职责和从业领域，探讨他们如何推动人工智能技术的发展。

2.2.1 AI 训练师工作职责：赋予人工智能生命与智慧

在智能化进程中，人工智能已蜕变为驱动各行业飞跃的核心力量。作为这场变革的先驱，AI 训练师肩负着培养新一代 AI 人才、普及 AI 应用、优化 AI 技术、拓展 AI 研究及提升社会对 AI 认知的重要使命。

AI 训练师的主要职责是"喂养"数据给人工智能模型，使其具有"智慧"，日常的工作主要包括需求分析、数据标注、算法开发和调优等。其中，数据标注和算法开发是核心任务，每个算法模型的训练都需要大量数据，以图片为例，少则数千张，多则数十万张。

从事人工智能训练工作，不仅需要掌握一定的数学基础知识，还要对应用场景有深入的理解。为了更好地训练人工智能模型，AI 训练师经常需要深入应用场景进行调研，分析可能影响人工智能判断的因素。

同时，AI 训练师还要积极参与 AI 研究工作，为探索新的应用场景和算法模型贡献智慧。随着 AI 技术的蓬勃发展，AI 训练师的角色将愈加举足轻重。他们将不仅持续培养 AI 人才和推动应用，更将参与制定 AI 政策与道德标准，引领 AI 健康发展，共创智能化的美好未来。

AI 训练师是负责训练人工智能模型的专业人员，主要工作职责如下。

❶ **数据收集和预处理**：负责从各种来源收集数据，并对数据进行预处理和清洗，以确保数据的质量和准确性。

❷ **模型开发和调试**：使用机器学习和深度学习技术来开发模型，并进行调试和优化，以提高模型的准确性和性能。

案例 26 开发人工智能模型实现机器翻译

人工智能模型开发和调试的应用案例之一是自然语言处理领域的机器翻译。机器翻译是指使用人工智能模型自动将一种语言的文本转换为另一种语言的文本，如图 2-5 所示。

图2-5 使用人工智能模型自动将中文翻译为英文

在这个案例中，AI 训练师的主要职责是开发和调试机器翻译模型，使其能够自动翻译各种语言的文本。此外，还需要收集大量的双语语料库，包括原文和目标语言的翻译。

AI 训练师使用这些语料库来训练深度学习模型，如神经网络。他们通过优化算法和技术来调整模型的参数，以提高翻译的准确性和流畅性。此外，还要使用各种评估指标来衡量模型的性能，如

BLEU 分数、METEOR 等。

温馨提示 ●

　　BLEU（Bilingual Evaluation Understudy，双语评估替补）分数是一种用于评估机器翻译质量的指标，它是基于分数的算法，用于比较机器翻译与人类执行并被认为是正确的参考翻译。

　　METEOR（Metric for Evaluation of Translation with Explicit ORdering，具有明确排序的翻译评估指标）是另一种机器翻译评估指标，它综合考虑了准确性和流畅性两个方面，对机器翻译结果进行评估，可以帮助机器翻译研究者了解和改进翻译质量。

　　AI 训练师在开发机器翻译模型时，还需要考虑不同语言的特性和文本转换的复杂性。他们需要解决各种挑战，如处理语言特性和文本歧义、处理一词多义和一义多词的情况、处理不同语言的分词和词性标注等问题。

　　在调试模型时，AI 训练师需要分析模型在翻译中出现的错误和问题，并找出可能的原因。他们需要不断地调整模型参数和结构，以优化翻译的效果。此外，他们还需要与其他团队合作，如语言专家和软件工程师，以确保机器翻译模型在实际应用中的性能表现符合预期。

　　❸ **算法研究和实验**：不断跟进最新的机器学习和深度学习算法并进行实验，以确定哪种算法更适合解决具体的问题。

　　❹ **结果分析和报告撰写**：分析模型的结果并撰写报告，以说明模型的性能和应用场景。

　　❺ **团队合作和沟通**：与团队成员合作，包括数据科学家、软件开发人员、产品经理等，并与非技术人员沟通人工智能模型的工作原理和应用场景。

　　❻ **提供数据标注规则**：通过算法聚类、标注分析等方式，从数据中提取行业特征场景，并结合行业知识，提供表达精准、逻辑清晰的数据标注规则，确保数据训练效果能满足产品的需求。

　　❼ **数据验收及管理**：参与模型搭建和数据验收，并负责核心指标和数据的日常跟踪维护。

　　❽ **积累领域通用数据**：根据细分领域的数据应用要求，从已有数据中挑选符合要求的通用数据（适用于相同领域内的不同用户），形成数据的沉淀和积累。

　　由此可见，AI 训练师不仅需要具备机器学习和深度学习知识，掌握编程技能，还需要具备良好的沟通和团队合作能力。他们通过不断地训练和优化人工智能模型，可以为各行各业提供更智能化的解决方案。

　　随着人工智能技术在各个行业的广泛应用，对 AI 训练师的需求也在持续增长。目前，人才市场上的供求比例严重失衡，缺口巨大。对于求职者来说，除了具备技术能力，对行业知识的了解也是非常重要的。

2.2.2　AI 训练师从业领域：实现更智能化的解决方案

　　AI 训练师的从业领域非常广泛，涵盖了绘画、文案写作、机器人、教育培训、营销等多个领域。这是因为人工智能技术在各个行业都有广泛的应用场景，需要 AI 训练师来进行模型训练和优化，以实现更智能化的解决方案。以下是一些常见的 AI 训练师从业领域。

　　❶ **绘画**：通过使用人工智能技术，AI 训练师可以帮助创建和优化 AI 绘画系统，使其能够自动或半自动地生成艺术作品。AI 绘画应用于许多领域，包括但不限于艺术、设计、娱乐等领域。

❷ **文案写作**：AI 训练师可以训练模型来生成各种类型的文案，如广告语、产品描述、新闻报道等。通过分析大量的文本数据，AI 训练师可以帮助模型学习和模仿人类的写作风格和语言结构，从而生成具有吸引力和说服力的文案。

❸ **智能机器人和聊天机器人**：这是人工智能技术的典型应用，它们需要经过大量的训练和优化，才能具备智能化的交互和响应能力。AI 训练师在机器人的训练过程中扮演着关键角色，他们使用算法和数据集对机器人进行训练，使其能够理解语言、识别语音、回答问题、进行对话等。

案例 27 优必选的智能机器人产品

优必选（UBTECH）是一个知名的智能机器人品牌，其主打的 Walker 系列机器人具备高精度转动性能，可模仿真人的各种复杂动作，如图 2-6 所示。AI 训练师通过训练和优化这些机器人，使其能够完成人机交互、智能服务、自主导航等任务。

图2-6 优必选的Walker系列机器人示例

❹ **教育培训**：AI 训练师可以训练 AI 模型来提供智能化的教育服务。例如，AI 可以用于智能推荐学习资源、个性化教学计划、智能评估学生的学习进度和水平等。通过分析学生的学习数据和行为，AI 训练师可以帮助 AI 模型更好地理解学生的需求，提供更精准和个性化的教育服务。

❺ **营销**：AI 训练师可以通过训练 AI 模型来分析消费者行为和市场趋势，帮助企业制定更精准的营销活动策略。例如，AI 可以用于预测消费者的购买意向和需求，分析消费者的社交媒体行为和口碑传播，以及个性化推荐商品和服务等。通过这些方式，AI 训练师可以帮助企业提高营销效果和客户满意度。

案例 28 利用虚拟试衣镜提供全新的购物体验

虚拟试衣镜利用人工智能技术和深度学习算法，提供了一种全新的购物体验。顾客可以在虚拟试衣镜前实时查看不同款式、颜色和尺寸的服装搭配效果，无须实际试穿即可做出购买决策，如图 2-7 所示。

图2-7 虚拟试衣镜

虚拟试衣镜通常采用 3D（Three Dimensional，三维）空间技术，通过摄像头捕捉顾客的身体数据，建立虚拟模特，并根据顾客的喜好和风格推荐合适的服装。顾客可以在虚拟试衣镜前自由搭配，查看效果，并随时更换款式和颜色，直到找到满意的服装。

此外，虚拟试衣镜还可以与智能家居、智能穿戴设备等智能硬件结合，实现更加个性化的购物体验。例如，顾客可以通过智能家居系统控制虚拟试衣镜的显示内容和效果，或者通过智能穿戴设备与虚拟试衣镜进行数据交互，获取更加精准的服饰搭配建议。

虚拟试衣镜不仅为顾客提供了更加便捷、个性化的购物体验，还为服装品牌和零售商提供了更加精准的目标市场定位和销售预测分析。通过收集和分析顾客数据，企业可以更好地了解顾客的需求和偏好，制订更加有效的营销策略和销售计划。

❻ **智能制造**：智能制造是"工业 4.0"计划的核心内容之一，通过人工智能技术实现生产过程的智能化和自动化。AI 训练师可以训练各种智能制造相关的 AI 模型，提高生产效率和产品质量。

❼ **汽车**：随着自动驾驶技术的不断发展，AI 训练师在汽车行业中也有着广泛的应用场景，他们可以训练各种自动驾驶相关的 AI 模型，提高车辆的安全性和驾驶体验。

❽ **电商**：电商行业通过人工智能技术可以实现智能推荐、智能客服和智能物流等功能。AI 训练师可以训练各种电商 AI 模型，提高电商平台的用户体验和运营效率。

案例 29 Mokker 用 AI 生成电商产品图片

Mokker 是一款基于人工智能技术的在线背景生成工具，具有简单易用、高质量输出、快速生成和个性化定制等特点，如图 2-8 所示。用户只需上传图片就可以进行一键抠图、智能匹配贴切背景，生成全新的产品图，还可以创建自定义模板生图。

Mokker 适用于各种需要快速、高效地生成高质量产品图片的场景，尤其适用于电商平台和营销团队。无论是为网店更换背景，还是为海报添加新背景，或是为社交媒体上的产品配图等，Mokker 都能提供极大的便利。

图2-8 使用Mokker制作的电商产品图片示例

⑨ **医疗**：AI 训练师可以在医疗领域中训练各种医疗 AI 模型，如医学影像诊断、病理学诊断、药物研发等。他们可以协助医生提高诊断的准确性和效率，并提供个性化的治疗方案。

⑩ **金融**：金融行业是人工智能应用的重要领域之一，包括风险管理、欺诈检测、投资顾问等。AI 训练师可以训练各种金融 AI 模型，帮助金融机构更好地控制风险和提供更个性化的服务。

总之，AI 训练师的从业领域非常广泛，随着人工智能技术的不断发展和应用，相信未来还会有更多的领域需要 AI 训练师的参与和支持。

本章小结

本章主要介绍 AI 训练师需要具备的知识与技能，包括但不限于计算机操作知识、数学基础知识、编程技能、特征能力工程、数据处理知识和人工智能基础知识等。AI 训练师的工作职责是赋予人工智能生命与智慧，并为各行各业提供更智能化的解决方案。

课后习题

鉴于本章知识的重要性，为了帮助读者更好地掌握所学知识，下面将通过课后习题帮助读者进行简单的知识回顾。

1．特征能力工程需要掌握哪些关键技能和知识？

2．AI训练师的工作职责有哪些？

第 3 章

编程语言
——AI 训练师至少
要会一门

　　本章主要以 Python 为例，介绍 AI 训练师必须掌握的编程技能。Python 作为一种简单易学、功能强大的编程语言，在人工智能领域有着广泛的应用，可以帮助 AI 训练师进行高效的模型训练和数据处理工作。学习本章内容，可以帮助大家快速掌握 Python 编程语言的基本用法，为未来的人工智能训练打下坚实的基础。

3.1 Python的安装与部署流程

Python 是一种简单易学、功能强大的编程语言，被广泛应用于人工智能、数据科学、机器学习等领域。为了开始 AI 训练的旅程，首先需要确保 Python 的正确安装和部署。本节将详细介绍 Python 的安装与部署流程，帮助大家顺利搭建 AI 训练的编程环境。

3.1.1 下载与安装 Python

Python 是一种高级的、解释型的脚本语言，其设计注重可读性，并具有独特的语法结构。与其他语言相比，Python 使用英文关键字和标点符号，使其易于理解和编写。

Python 解释型语言的特点是，在开发过程中无须编译环节，可以直接执行代码，这使 Python 成为一种灵活的编程语言，适合快速开发程序。此外，Python 支持面向对象的编程风格，支持代码封装和继承等面向对象特性，这使 Python 适合开发大型的、复杂的软件系统。

Python 广泛用于应用程序开发，从简单的文本处理到复杂的 Web（即全球广域网或万维网）应用程序和游戏开发。Python 的易用性加上丰富的库和框架生态系统，使其成为初学者的理想选择。Python 的主要特点总结如下。

❶ **简洁高效**：Python 语言简洁、语法清晰，易于学习掌握，它强大的标准库和丰富的第三方库，使得开发人员能够快速高效地开发各种应用程序。

❷ **易读性强**：Python 的代码风格强调可读性，这有助于降低维护成本。同时，Python 的缩进规则也使其代码结构更加清晰，且易于理解。

❸ **社区支持**：Python 拥有庞大的开发者社区，这意味着遇到问题时可以快速找到解决方案，同时社区的开源项目和资源为开发人员提供了丰富的参考。

❹ **跨平台兼容**：Python 可以在多种操作系统中运行，包括 Windows、Linux 和 Mac OS 等，这为跨平台开发提供了便利。

❺ **交互式编程**：Python 支持交互式编程，允许开发者在命令行中直接输入代码执行，方便测试和调试。

❻ **扩展性良好**：对于需要高性能的关键代码部分，可以轻松地使用 C/C++ 等语言编写并嵌入 Python 程序中，使程序具有脚本化能力，以提高程序的开发效率和运行效率。

❼ **有丰富的库**：Python 的标准库包含许多用于各种任务的实用模块和函数。此外，还有大量第三方库可供使用，如科学计算、数据分析、机器学习等。

❽ **数据库交互**：Python 提供了与主流商业数据库的接口，方便对数据库进行查询、操作和管理。

❾ **GUI（Graphical User Interface，图形用户界面）编程**：Python 有多种 GUI 编程框架，可以轻松创建跨平台的桌面应用程序。

为了开始 Python 编程之旅，首先需要在计算机中下载和安装 Python。下面以 Windows 系统为例，介绍下载和安装 Python 的操作方法。

步骤 01 进入 Python 官网，将鼠标指针移至导航栏的 Downloads（下载）上，在弹出的菜单中单击 Python 3.12.1 按钮，如图 3-1 所示，即可开始下载 Python。

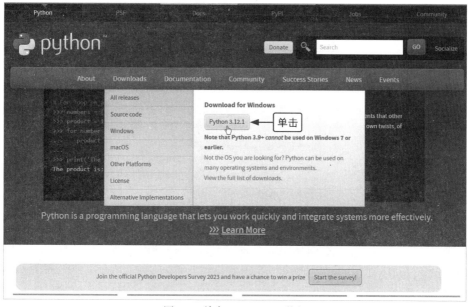

图3-1　单击Python 3.12.1按钮

温馨提示●

为了在不同的平台上使用Python，通常需要先下载适用于自己所使用平台的二进制代码，然后按照相应的安装步骤进行安装。如果用户的平台没有可用的二进制代码，可以选择使用C编译器手动编译Python的源代码。通过这种方式，用户可以获得更高级的功能选择，并为Python的安装提供更大的灵活性。

步骤 02 Python 下载完成后，双击安装包，如图 3-2 所示。

步骤 03 执行操作后，弹出信息提示框，提示用户是否运行该文件，单击"运行"按钮，如图 3-3 所示。

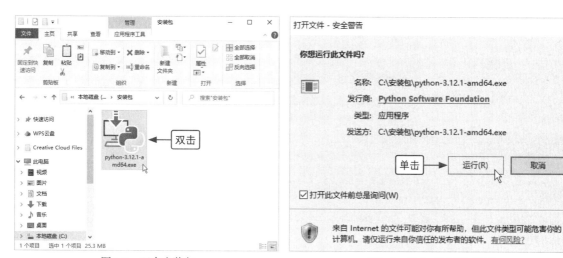

图3-2　双击安装包　　　　　　　　　　图3-3　单击"运行"按钮

步骤 04 执行操作后，弹出 Python 3.12.1 (64-bit) Setup（安装程序）对话框，选择 Install Now（立即安装）选项以默认设置安装 Python，或者选择 Customize installation（自定义安装）选项以启用或禁用某些特性，这里选择 Install Now 安装方式即可，如图 3-4 所示。

图3-4　选择Install Now安装方式

步骤 05 执行操作后，显示 Setup Progress（安装进度）信息，如图 3-5 所示。

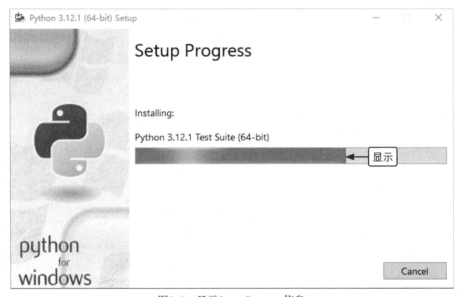

图3-5　显示Setup Progress信息

温馨提示●

需要注意的是，Python 的移植性并不仅限于操作系统平台，Python 也可以在不同的硬件架构上运行，包括 x86（即 Intel 8086，是由 Intel 公司开发的微处理器体系架构）、ARM（Advanced RISC Machine，一种 32 位精简指令集处理器架构）等。这意味着用户可以在不同的设备上使用 Python，只要它们支持相应的操作系统和硬件架构。

步骤 06 稍等片刻,显示 Setup was successful(安装成功)信息,单击 Close(关闭)按钮即可,如图 3-6 所示。

图3-6 单击Close按钮

3.1.2 配置 Python 环境变量

为了更好地使用 Python,将其配置在正确的环境变量中是至关重要的。环境变量是操作系统中用于定义运行程序所需参数的一组设置。通过正确配置环境变量,用户可以在操作系统中轻松地运行 Python 程序。下面以 Windows 系统为例,介绍配置 Python 环境变量的操作方法。

步骤 01 在系统桌面的"此电脑"图标上右击,在弹出的快捷菜单中选择"属性"命令,如图 3-7 所示。

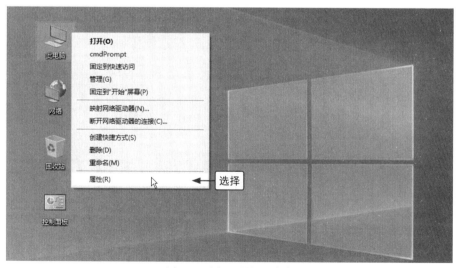

图3-7 选择"属性"命令

步骤 02 执行操作后,打开"系统"窗口,在左侧导航栏中单击"高级系统设置"链接,如图 3-8 所示。

图3-8　单击"高级系统设置"链接

步骤 03　执行操作后，弹出"系统属性"对话框，并自动切换至"高级"选项卡，单击"环境变量"
　　　　按钮，如图 3-9 所示。

步骤 04　执行操作后，弹出"环境变量"对话框，在"系统变量"下拉列表框中双击 Path 选项，如图 3-10
　　　　所示。

图3-9　单击"环境变量"按钮　　　　　　　　图3-10　双击Path选项

步骤 05　执行操作后，弹出"编辑环境变量"对话框，单击"新建"按钮，如图 3-11 所示，新建
　　　　一个系统变量。

步骤 06　执行操作后，将 Python 的安装目录复制到系统变量值文本框中，如图 3-12 所示，单击"确
　　　　定"按钮，即可完成环境变量的配置。

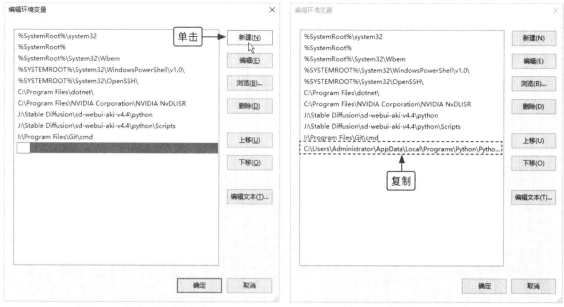

图3-11 单击"新建"按钮　　　　　　图3-12 复制Python的安装目录

温馨提示●

　　在计算机中，程序和可执行文件可能位于多个目录中，而这些目录可能并未被操作系统纳入可执行文件的搜索范围。为了解决这个问题，环境变量应运而生。环境变量，如Path，是由操作系统维护的一个命名的字符串集合。环境变量中包含了可用的命令行解释器和其他程序的相关信息，使得操作系统能够在多个目录中查找和执行程序。

　　值得注意的是，在UNIX系统中，环境变量的名称是区分大小写的，而Windows系统则不区分大小写。因此，在Windows系统中，我们通常将环境变量的名称写作Path，而在UNIX系统中则写作PATH。通过正确设置这些环境变量，我们可以更加便捷地运行Python程序，提高AI系统的开发效率。

3.2　6个技巧，学会Python编程的语法格式

　　在 AI 训练中，Python 编程语法的规范性和准确性至关重要。正确的语法格式不仅能够提高代码的可读性和可维护性，还有助于提高 AI 模型的训练效率和准确性。本节将介绍 6 个技巧，帮助大家掌握 Python 编程的语法格式，提升 AI 训练技能。

3.2.1　使用 Python 基础语法：输出英文字符

　　Python 语言与其他语言（如 Perl、C 和 Java 等）有许多相似之处，但也有其独特之处，如简洁性、解释型语言、面向对象编程、强大的标准库和丰富的第三方库等特点。下面介绍使用 Python 输出英文字符的两种方法（交互式编程＋脚本式编程）。

步骤 01　交互式编程不需要创建脚本文件，而是通过 Python 解释器的交互模式来编写代码，在 Windows 系统中安装 Python 时，会自动安装交互式编程客户端，只需在"开始"菜单中选择 Python 3.12 (64-bit) 选项即可，如图 3-13 所示。

步骤 02　执行操作后，打开 Python 3.12 (64-bit) 窗口，在 Python 提示符中输入以下文本信息，如图 3-14 所示。

```
print ("Hello, Python!")
```

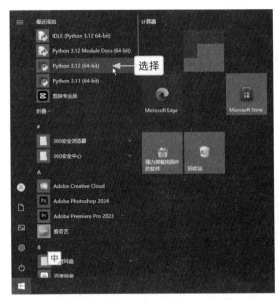

图3-13　选择Python 3.12 (64-bit)选项

图3-14　输入相应文本信息

步骤 03　按【Enter】键查看运行结果，即可输出相应的英文字符，如图 3-15 所示。

步骤 04　通过脚本参数调用解释器开始运行脚本，直到脚本运行完毕。当脚本运行完成后，解释器不再有效。下面写一个简单的 Python 脚本程序，将以下源代码复制到记事本文件中，如图 3-16 所示。

```
print ("Hello, Python!")
```

图3-15　输出相应的英文字符

图3-16　将源代码复制到记事本文件中

步骤 05　将该记事本文件保存为扩展名为 .py 的脚本文件，如图 3-17 所示。

步骤 06 在"开始"菜单中选择 IDLE(Python 3.12 64-bit) 选项，打开 IDLE Shell 3.12.1 程序，选择 File（文件）| Open（打开）命令，如图 3-18 所示。

```python
print ("Hello, Python!")
```

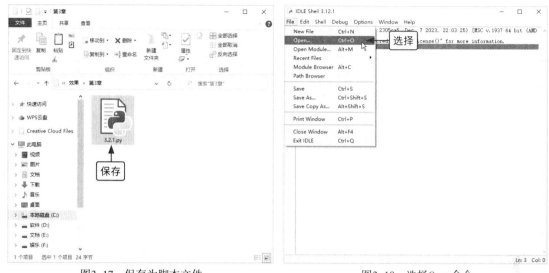

图3-17 保存为脚本文件   图3-18 选择Open命令

步骤 07 执行操作后，弹出"打开"对话框，选择刚才保存的脚本文件，如图 3-19 所示。

步骤 08 单击"打开"按钮，即可打开脚本文件，并在命令行中添加如下注释信息，如图 3-20 所示。"#"符号用于添加注释，解释代码的作用或功能。在这个例子中，注释说明了 print 函数的作用是向控制台输出指定的字符串。

```python
# 输出字符串 "Hello, Python!" 到控制台
print ("Hello, Python!")
```

图3-19 选择刚才保存的脚本文件   图3-20 添加相应的注释信息

步骤 09 选择 Run（运行）| Run Module（运行模块）命令，它的作用是执行当前选中的代码模块，如图 3-21 所示。

步骤 10 执行操作后，即可在集成开发环境中显示脚本文件的运行结果，如图 3-22 所示。

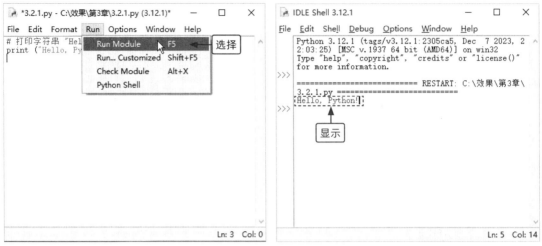

图3-21 选择Run Module命令　　　　　图3-22 显示脚本文件的运行结果

温馨提示 ●

　　IDLE是Python的一个集成开发环境，其中包含了Shell窗口。这个Shell窗口也被称为IDLE Shell，它是一个交互式环境，允许用户输入Python代码，并立即看到相应的运行结果。

　　IDLE Shell提供了很多功能，如文本编辑器、调试器，以及一些方便的特性，如语法高亮显示和自动缩进。这些功能和特性可以帮助用户更高效地编写、测试和调试Python代码。

3.2.2　使用 Python 中文编码：输出中文字符

在低版本的Python中，默认的编码格式是ASCII（American Standard Code for Information Interchange，美国信息交换标准代码）。这意味着，如果用户未修改编码格式，直接尝试输出汉字，则可能出现错误。这是因为 ASCII 编码只能表示英文字符，而无法正确地处理中文字符。

为了解决这个问题，用户可以在 Python 文件的开头添加特定的编码声明，告诉 Python 解释器使用特定的字符编码来读取文件。在处理中文时，推荐使用 UTF-8 编码，因为它能够支持多种中文语言字符。有以下两种方式可以添加编码声明。

```
# -*- coding: UTF-8 -*-
# coding=utf-8
```

只要在文件开头添加了其中任意一种编码声明，Python 解释器就会知道使用 UTF-8 编码来读取文件，从而正确地处理中文字符，这样在读取和输出（注意，Python 中的输出是指通过屏幕显示字符）中文时就不会再出现错误了，具体操作方法如下。

步骤 01 打开 Python 3.12 (64-bit) 窗口，在 Python 提示符中输入以下文本信息，它的作用是在屏幕上输出"你好，世界"这句话，如图 3-23 所示。

```
#!/usr/bin/python
# -*- coding: UTF-8 -*-

print(" 你好，世界 ")
```

步骤 02 执行操作后，即可自动运行程序，并输出相应的中文字符，如图 3-24 所示。

图3-23 输入相应文本信息 图3-24 输出相应的中文字符

> **温馨提示●**
>
> 注意，Python 3.X 版本中的源代码文件默认编码格式为 UTF-8，因此可以直接解析中文字符，而无须特别指定编码。
>
> 如果用户在使用文本编辑器（如 Notepad++、Sublime Text、Visual Studio Code 等）编辑 Python 文件时，需要确保文件的编码格式设置为 UTF-8。如果不进行设置，则可能会出现编码错误信息，导致 Python 无法正确读取文件中的中文字符。
>
> 为了确保文件编码的正确性，用户可以在文本编辑器中手动设置文件编码为 UTF-8，或者使用特定的编码声明来指定编码格式。

3.2.3 设置 Python 变量赋值：定义不同数据

在 Python 中，数据类型是用来描述数据结构的。Python 中常见的数据类型有整数、浮点数、字符串、列表、元组、字典等，每种数据类型都有其特定的属性和行为。例如，整数和浮点数属于数值型数据，用于进行数值计算；字符串属于文本型数据，用于表示文本信息。

变量是用来存储数据的标识符。在 Python 中，变量的类型是可以动态改变的，不需要事先声明变量的类型。也就是说，用户可以使用同一个变量来存储不同类型的数据。下面介绍设置 Python 变量赋值的操作方法。

步骤 01 打开 Python 3.12 (64-bit) 窗口，在 Python 提示符中输入以下文本信息，这段代码主要展示了如何定义不同类型的变量（如整数、浮点数和字符串），以及如何使用 print 函数来输出这些变量的值。

```
#!/usr/bin/python
# -*- coding: UTF-8 -*-

counter = 100 # 赋值整型变量
miles = 1000.0 # 浮点型
name = "John" # 字符串

print(counter)
print(miles)
print(name)
```

> **温馨提示●**
>
> 　　当用户为变量赋值时，Python会自动推断变量的类型。其中，"="（等号）是用来给变量赋值的操作符，等号左边是变量名，等号右边是存储在变量中的值。另外，在Python中，用户可以同时为多个变量同时赋值。
>
> 　　例如，a = b = c = 1，表示创建了一个值为 1 的整型对象，并将变量a、b和c分配到了相同的内存地址中。这意味着，这 3 个变量实际上是引用了同一个整型对象，修改其中任何一个变量都会影响到其他变量。

　　步骤 02 执行操作后，即可自动运行程序，可以看到 100、1000.0 和 John 分别赋值给 counter、miles、name 变量，如图 3-25 所示。

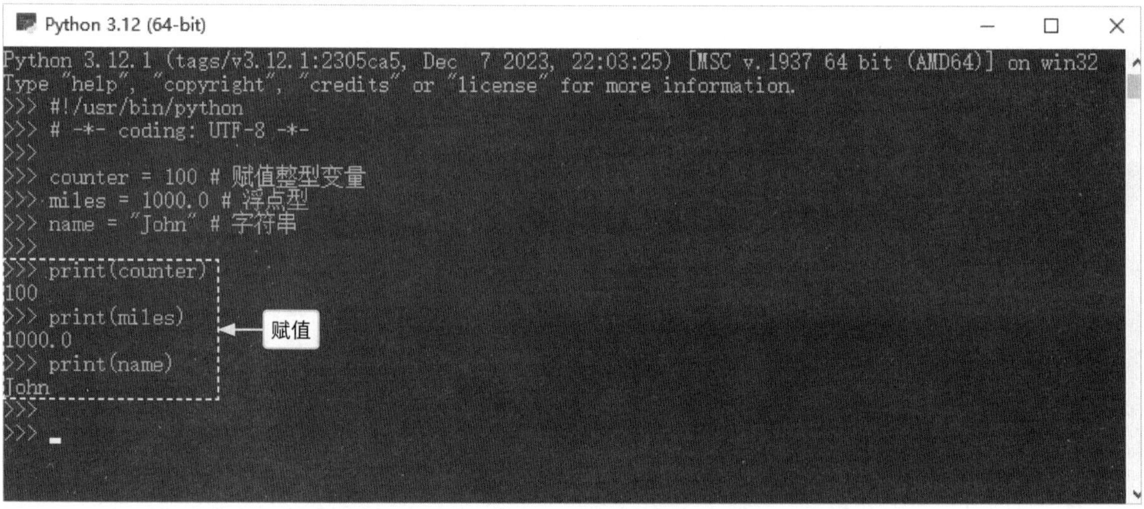

图3-25　变量赋值

> **温馨提示●**
>
> 　　变量是存储在内存中的数据，这表明在创建变量时，内存会为它分配一定的空间。根据变量的数据类型，Python解释器会决定如何分配特定的内存空间，并确定哪些数据可以存储在其中。
>
> 　　因此，变量可以有不同的数据类型，包括整数、小数和字符等。通过指定不同的数据类型，变量可以存储不同类型的数据，从而更好地满足程序的需求。

3.2.4　使用 Python 运算符：进行加减乘除计算

Python 中的运算符是一组特殊的符号，用于执行算术或逻辑计算。运算符用于将各种类型的数据进行运算，让静态的数据"动"起来。Python 中的运算符可以分为以下几大类。

❶ **算术运算符**：用于执行基本的数学运算，如加法、减法、乘法和除法等。假设变量 a 为 10，变量 b 为 20，具体的算术运算符用法如表 3-1 所示。

表 3-1　算术运算符用法

运算符	描述	实例
+	加：两个对象相加	a + b 输出结果 30
-	减：得到负数或是一个数减去另一个数	a - b 输出结果 -10
*	乘：两个数相乘或是返回一个被重复若干次的字符串	a * b 输出结果 200
/	除：x 除以 y	b / a 输出结果 2
%	取模：返回除法的余数	b % a 输出结果 0
**	幂：返回 x 的 y 次幂	a**b 为 10^{20} 输出结果 100000000000000000000
//	取整除：返回商的整数部分（向下取整）	9//2 输出结果 4 -9//2 输出结果 -5

❷ **赋值运算符**：用于接收运算符或方法调用返回的结果，具体的赋值运算符用法如表 3-2 所示。

表 3-2　赋值运算符用法

运算符	描述	实例
=	简单的赋值运算符	c = a + b（将 a + b 的运算结果赋值为 c）
+=	加法赋值运算符	c += a（等效于 c = c + a）
-=	减法赋值运算符	c -= a（等效于 c = c - a）
*=	乘法赋值运算符	c *= a（等效于 c = c * a）
/=	除法赋值运算符	c /= a（等效于 c = c / a）
%=	取模赋值运算符	c %= a（等效于 c = c % a）
**=	幂赋值运算符	c **= a（等效于 c = c ** a）
//=	取整除赋值运算符	c //= a（等效于 c = c // a）

❸ **比较运算符**：用于做大小或等值比较运算。同样假设变量 a 为 10，变量 b 为 20，具体的比较运算符用法如表 3-3 所示。注意，所有的比较运算符返回 1 表示真，返回 0 表示假，这分别与特殊的变量 True 和 False 等价。

表3-3　比较运算符用法

运算符	描述	实例
==	等于（比较对象是否相等）	(a == b) 返回 False
!=	不等于（比较两个对象是否不相等）	(a != b) 返回 True
<>	不等于（比较两个对象是否不相等，Python 3.X 版本中已废弃）	(a <> b) 返回 True（这个运算符的作用类似于 !=）
>	大于（返回 x 是否大于 y）	(a > b) 返回 False
<	小于（返回 x 是否小于 y）	(a < b) 返回 True
>=	大于等于（返回 x 是否大于等于 y）	(a >= b) 返回 False
<=	小于等于（返回 x 是否小于等于 y）	(a <= b) 返回 True

❹ **逻辑运算符**：用于做与、或、非运算。同样假设变量 a 为 10，变量 b 为 20，具体的逻辑运算符用法如表 3-4 所示。

表3-4　逻辑运算符用法

运算符	逻辑表达式	描述	实例
and	x and y	布尔"与"（如果 x 为 False，x and y 返回 False；否则返回 y 的计算值）	(a and b) 返回 20
or	x or y	布尔"或"（如果 x 的值非 0，返回 x 的计算值；否则返回 y 的计算值）	(a or b) 返回 10
not	not x	布尔"非"（如果 x 为 True，返回 False；如果 x 为 False，返回 True）	not (a and b) 返回 False

❺ **位运算符**：用于二进制运算。假设变量 a 为 50，变量 b 为 15，它们的二进制表示如下，具体的位运算符用法如表 3-5 所示。

```
a = 0011 0010
b = 0000 1111
```

表3-5　位运算符用法

运算符	描述	实例
&	按位与（对每个位进行与操作，只有当两个操作数的相应位都为 1 时，结果位才为 1）	a & b 结果为 2 二进制解释：0000 0010
|	按位或（对每个位进行或操作，当任一操作数的相应位为 1 时，结果位为 1）	a | b 结果为 63 二进制解释：0011 1111
^	按位异或（对每个位进行异或操作，当两个操作数的相应位不同时，结果位为 1）	a ^ b 结果为 61 二进制解释：0011 1101
~	按位取反（对每个位进行取反操作，0 变为 1，1 变为 0）	~a 结果为 -50 二进制解释：1100 1101 注意：Python 中负数采用二进制补码表示，所以实际数值为 -50
<<	左移（将所有位向左移动指定的位数，右侧用零填充）	a << 2 结果为 200 二进制解释：1100 1000

运算符	描述	实例
>>	右移（将所有位向右移动指定的位数，左侧用最高位或符号位填充）	a >> 2 结果为 12 二进制解释：0000 1100 （注意：因为 a 是正数，所以左侧用零填充；如果 a 是负数，则左侧用符号位填充）

每种运算符都有其特定的符号，如 + 用于加法，- 用于减法，* 用于乘法，/ 用于除法等。另外，Python 也支持一元运算符，如 - 用于取反，+ 用于取正等。在算术表达式中，算式的数值称为操作数，如在表达式 2+3 中，2 和 3 就是操作数，+ 是运算符。下面以简单的算术运算符为例，介绍在 Python 中进行数字运算的操作方法。

步骤 01　打开 Python 3.12 (64-bit) 窗口，在 Python 提示符中输入以下文本信息，这段代码定义了 3 个变量 a、b 和 c，通过一系列的数学运算（加、减、乘、除和取模等）计算出 c 的值，并输出结果。

```
#!/usr/bin/python
# -*- coding: UTF-8 -*-

a = 21
b = 10
c = 0

c = a + b
print("1 - c 的值为: ", c)

c = a - b
print("2 - c 的值为: ", c)

c = a * b
print("3 - c 的值为: ", c)

c = a / b
print("4 - c 的值为: ", c)

c = a % b
print("5 - c 的值为: ", c)

# 修改变量 a 、b 、c
a = 6
b = 7
c = a**b
print("6 - c 的值为: ", c)

a = 8
b = 9
c = a//b
print("7 - c 的值为: ", c)
```

温馨提示●

在 Python 中，除法运算符（/）会返回一个浮点数结果，从而使结果显示为一个整数。如果用户想得到一个整数结果，则需要使用取整除运算符（//）。在取模（%）操作中，结果是除法后的余数。

步骤 02 执行操作后，代码会自动运行，查看所有算术运算符的计算结果，如图 3-26 所示。

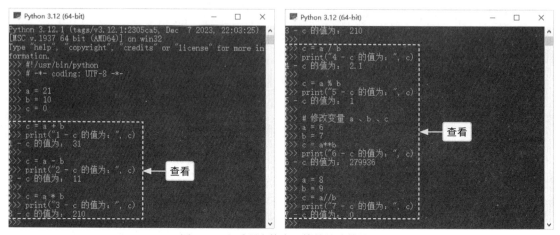

图3-26 查看所有算术运算符的计算结果

3.2.5 使用 Python 条件语句：对比数的大小

Python 中的条件语句是一种控制结构，用于根据特定条件执行不同的代码块。条件语句通常以 if 关键字开始，后面跟着一个条件表达式。如果给定的条件为 True，那么就执行 if 后面的代码块；如果条件为 False，那么就跳过 if 代码块，执行后面的代码。

除了 if 语句，Python 还提供了其他条件语句，如 if-else 语句和 if-elif-else 语句。if-else 语句允许在条件为 False 时，执行 else 代码块；而 if-elif-else 语句则允许在多个条件之间进行选择，以执行相应的代码块。

此外，Python 还支持嵌套的 if 语句，即在一个 if 或 else 代码块中再写一个或多个 if 语句，以实现更复杂的条件判断逻辑。使用条件语句可以使程序变得更加灵活和可维护，因为可以根据不同的条件执行不同的操作。

下面介绍使用 Python 条件语句对比数的大小的操作方法。

步骤 01 打开 Python 3.12（64-bit）窗口，在 Python 提示符中输入以下文本信息，其中用到了 if 语句，这是最基本的形式，将 10 赋值给变量 x，然后检查 x 是否大于 5，如果大于 5，就输出"x 大于 5"。

```
x = 10
if x > 5:
    print("x 大于 5")
```

步骤 02 按【Enter】键查看运行结果，因为 10 确实大于 5，所以运行结果是输出"x 大于 5"，如图 3-27 所示。

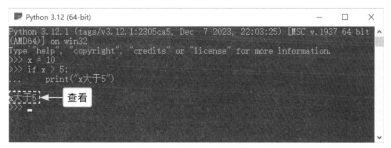

图3-27　查看运行结果1

步骤 03　在 Python 提示符中输入以下文本信息，将10赋值给变量x，然后检查x是否大于15，如果是，就输出"x 大于 15"；否则输出"x 小于或等于 15"。

```
x = 10
if x > 15:
    print("x 大于 15")
else:
    print("x 小于或等于 15")
```

步骤 04　按【Enter】键查看运行结果，因为 10 不大于 15，所以运行结果是输出"x 小于或等于 15"，如图 3-28 所示。

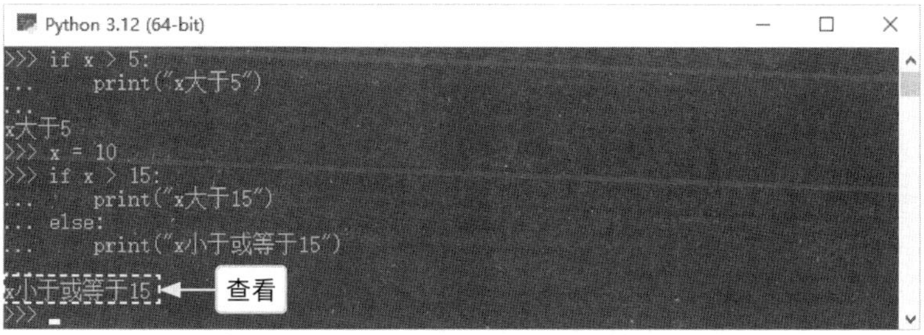

图3-28　查看运行结果2

温馨提示

　　if-elif-else语句允许用户有多个条件，根据条件的真假顺序来执行对应的代码块。如果某个条件为True，那么就执行该条件下的代码块，并跳过后续的条件判断；如果没有条件为True，那么就执行else后的代码块。

步骤 05　在 Python 提示符中输入以下文本信息，将 10 赋值给变量 x，然后检查 x 的值与 20 和 10 之间的关系：如果 x 大于 20，则输出"x 大于 20"；如果 x 大于 10，则输出"x 大于 10"；否则，输出"x 小于或等于 10"。

```
x = 10
if x > 20:
    print("x 大于 20")
elif x > 10:
    print("x 大于 10")
else:
    print("x 小于或等于 10")
```

步骤 06　按【Enter】键查看运行结果，因为 10 不大于 20，所以运行结果是输出"x 小于或等于
10"，如图 3-29 所示。

图3-29　查看运行结果3

温馨提示 ●

　　使用嵌套的 if 语句时，用户可以在一个 if 或 else 代码块中再写一个或多个 if 语句，从而创建更复杂的条
件判断逻辑。

步骤 07　在 Python 提示符中输入以下文本信息，将 10 赋值给变量 x，将 20 赋值给变量 y，然后
检查 x 和 y 的值与 5 和 10 之间的关系：如果 x 大于 5，则输出"x 大于 5"；如果 y 大于
10，则输出"y 大于 10"。

```
x = 10
y = 20
if x > 5:
    print("x 大于 5")
    if y > 10:
        print("y 大于 10")
```

步骤 08　按【Enter】键查看运行结果，由于 x 大于 5 和 y 大于 10 的条件都成立，因此运行结果是
同时输出了"x 大于 5"和"y 大于 10"，如图 3-30 所示。

图3-30　查看运行结果4

温馨提示 ●

　　在嵌套的 if 语句中，如果有一个条件为真，则其他所有条件都会被检查。使用 else 语句可以避免这种情况，
当 if 的条件不满足时，else 语句会被执行。

　　注意，嵌套的 if 语句可能会变得非常复杂，难以阅读和理解，因此需尽量保持代码的清晰和简洁。用户
可以尝试使用更多的函数和子程序来简化逻辑，避免出现不必要的嵌套。在用户发现有超过 3 层的嵌套 if 语
句时，可能需要考虑重新编写代码。

3.2.6 使用 Python 循环语句：输出一系列数字

Python 中的循环语句用于重复执行一段代码，直到满足特定的条件为止。Python 提供了两种主要的循环结构：for 循环和 while 循环，以及它们的嵌套循环结构，如表 3-6 所示。

表 3-6 Python 的循环结构

循环结构	描述
for 循环	用于遍历一个序列（如列表、元组、字符串）或其他可迭代对象。在每次迭代中，循环变量会被设置为序列中的下一个元素，然后执行循环体
while 循环	重复执行一段代码，直到给定的条件不再为真。在每次循环的开始，都会检查条件
嵌套循环	Python 语言允许在一个循环体中嵌入另一个循环体。如在 while 循环中可以嵌入 for 循环；反之，也可以在 for 循环中嵌入 while 循环

在循环语句中，还可以使用以下内置函数和关键字来辅助控制循环的执行流程。

❶ break：在循环中遇到 break 语句时，会立即终止当前循环，即使循环条件仍然为真。

❷ continue：在循环中遇到 continue 语句时，会跳过当前循环的剩余部分，并立即开始下一次迭代。

❸ range()：这是一个内置函数，用于生成一个整数序列，通常与 for 循环一起使用来遍历一定范围内的数字。

❹ enumerate()：这是一个内置函数，用于在遍历一个序列的同时获取元素索引和元素值。

❺ zip()：这是一个内置函数，用于将多个可迭代的对象（如列表）并行遍历，并返回一个元组的迭代器。

❻ 列表推导式（List Comprehension）：这是一种简洁的语法，用于快速生成列表，它通常包含一个 for 循环，并且可以包含条件表达式和额外的操作。

❼ 生成器表达式（Generator Expression）：类似于列表推导式，但是生成器表达式是惰性计算的，它不会立即生成所有值，而是在每次请求时生成下一个值。

下面介绍使用 Python 循环语句输出一系列数字的操作方法。

步骤 01 打开 Python 3.12 (64-bit) 窗口，在 Python 提示符中输入以下文本信息，其中用到了 for 循环结构，其作用是输出数字 1 到 5。

```python
# 使用 for 循环输出数字 1 到 5
for i in range(1, 6):
    print(i)
```

> **温馨提示●**
>
> "for i in range(1, 6):" 这行代码是一个 for 循环的开始。range(1, 6) 用于生成一个整数序列，从 1 开始到 5 结束。注意，range 的上限是不包含的，所以这里只会到 5，而不会到 6。在每次循环迭代中，变量 i 会被设置为这个序列中的下一个数字。
>
> "print(i)" 这行代码会在每次循环迭代中执行，结果是输出变量 i 的值。

步骤 02 按【Enter】键查看运行结果，通过循环语句从 1 到 5 依次输出每个数字，如图 3-31 所示。

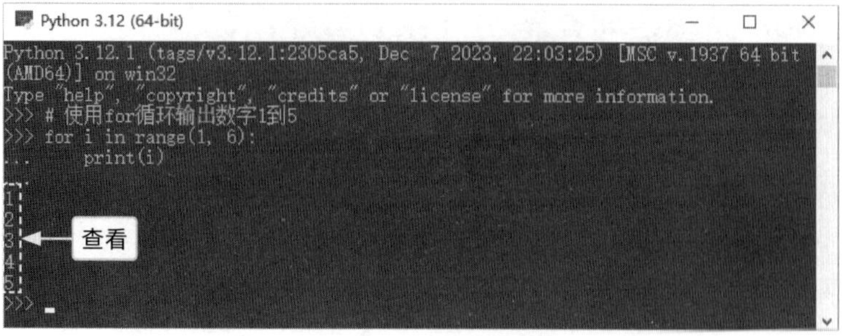

图3-31　查看运行结果5

步骤 **03**　在 Python 提示符中输入以下文本信息，这段代码中使用了 while 循环结构：将 1 赋值给初始化变量 i，然后只要 i 小于或等于 5，就继续循环；在每次循环迭代中，输出当前的 i 值，然后将 i 增加 1；当 i 超过 5 时，循环终止。

```python
# 使用 while 循环输出数字 1 到 5
i = 1
while i <= 5:
    print(i)
    i += 1
```

步骤 **04**　按【Enter】键查看运行结果，可以看到这段代码的输出内容与前面的 for 循环相同，如图 3-32 所示。

图3-32　查看运行结果6

3.3　AI训练师实战：5个实例，精通Python编程

AI 训练师需要使用 Python 进行数据处理、模型构建、训练和评估等任务，因此掌握 Python 编程语言是成功进行 AI 训练的基础。本节将深入探讨 Python 编程的实战应用技巧，帮助 AI 训练师打下坚实的编程基础。

3.3.1　实例 1：使用 Python 计算业绩提成奖金

某公司根据员工的业绩来发放提成奖金，具体发放规则如下。

❶ **业绩低于或等于 10000 元时**：奖金可提 10%。

❷ **业绩高于 10000 元，低于 50000 元时**：低于或等于 10000 元的部分按 10% 提成；高于 10000 元的部分，可提成 7.5%。

❸ **业绩位于 50000 元到 100000 元时**：低于或等于 10000 元的部分按 10% 提成；高于 10000 元且低于 50000 元的部分，可提成 7.5%；高于 50000 元的部分，可提成 5%。

❹ **业绩超过 100000 元时**：低于或等于 10000 元的部分按 10% 提成；高于 10000 元且低于 50000 元的部分，可提成 7.5%；高于 50000 元且低于 100000 元的部分，可提成 5%；高于 100000 元的部分，可提成 1%。

要求：从键盘输入当月业绩（i），求出应发放提成奖金总数。

下面介绍使用 Python 计算业绩提成奖金的操作方法。

步骤 01　打开 IDLE Shell 3.12.1 程序，选择 File ｜ New File（新建文件）命令，如图 3-33 所示。

步骤 02　执行操作后，打开新的代码窗口，输入以下文本信息，在这段代码中，首先从用户那里获取业绩输入数据，并将其转换为整数，然后使用一系列的条件语句来确定奖金的计算方式，最后计算奖金并输出结果，如图 3-34 所示。

```python
#!/usr/bin/python3

i = int(input('请输入您的业绩:'))
arr = [100000,50000,10000,0]
rat = [0.01,0.05,0.075,0.10]
r = 0
for idx in range(0,4):
    if i>arr[idx]:
        r+=(i-arr[idx])*rat[idx]
        print ((i-arr[idx])*rat[idx])
        i=arr[idx]
print (r)
```

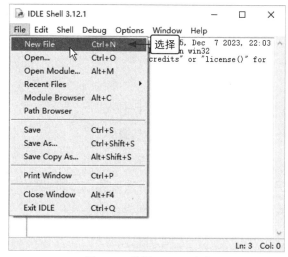

图3-33　选择New File命令

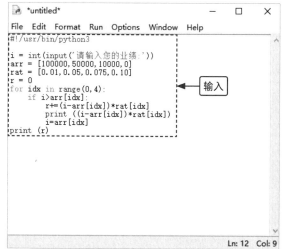

图3-34　输入相应文本信息

温馨提示 ●

图 3-34 中的主要代码含义如下。

① "#!/usr/bin/python3" 这行代码用于指定运行该脚本的解释器路径，通常用于 UNIX 和 Linux 系统中的可执行脚本，使脚本可以直接运行而不需要先调用解释器。

② "i = int(input('请输入您的业绩: '))" 这行代码是指获取用户从键盘输入的信息，并将其转换为整数，本案例要求用户输入他们的业绩。

③ "arr = [100000,50000,10000,0]" 这行代码定义了一个名为 arr 的列表，其中包含 4 个业绩阈值。

④ "rat = [0.01,0.05,0.075,0.10]" 这行代码定义了一个名为 rat 的列表，其中包含与 arr 列表中每个阈值对应的奖金比率。

⑤ "r = 0" 这行代码初始化一个变量 r，用于存储最终的奖金金额。

⑥ for 循环结构用于遍历 arr 列表中的每个业绩阈值。其中，"if i>arr[idx]:" 这行代码用于检查当前业绩是否大于当前阈值，如果业绩大于当前阈值，则计算超出阈值的奖金金额，并将计算出的奖金金额加到 r 上，然后输出计算出的奖金金额，同时更新业绩值为当前阈值，因为之后的阈值将不再考虑。

步骤 03　选择 Run ｜ Run Module 命令运行代码，弹出 Save Before Run or Check (运行前保存或检查) 对话框，单击 "确定" 按钮，如图 3-35 所示。

步骤 04　执行操作后，弹出 "另存为" 对话框，选择相应的保存路径，并输入相应的文件名，如图 3-36 所示。

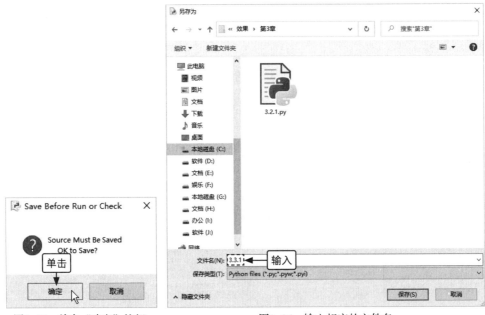

图3-35　单击 "确定" 按钮　　　　　　　图3-36　输入相应的文件名

步骤 05　单击 "保存" 按钮，即可运行 Python 程序，要求用户输入相应的业绩数据，如图 3-37 所示。

步骤 06　按【Enter】键查看运行结果，即可计算出相应的奖金，如图 3-38 所示。

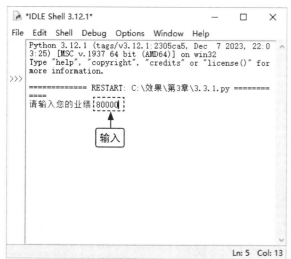

图3-37　输入相应的业绩数据

图3-38　查看运行结果

案例 30　使用文心一言 AI 大模型计算业绩提成奖金

使用像文心一言这样的 AI 大模型可以极大地简化计算业绩提成奖金的过程，用户无须自己编写代码或进行复杂的计算，只需输入相关问题，即可得到准确的答案。将相应问题输入文心一言的提问框中，按【Enter】键即可获取结果，如图 3-39 所示。可以看到，文心一言的计算结果与 Python 程序一致。

图3-39　使用文心一言AI大模型计算业绩提成奖金

当用户提问时，文心一言会立即解析这个问题，应用预先训练的模型和算法进行计算，并在界面上显示结果。无论是编写代码还是使用 AI 大模型，只要逻辑和算法正确，我们都能得到准确的计算结果。

文心一言这类 AI 大模型的优势在于它们能够提供即时的交互体验，这对于不熟悉编程或没有过多时间编写代码的用户来说非常有用。同时，这些 AI 大模型也在不断地学习和改进，以更好地理解和回应用户的需求。

3.3.2 实例 2：使用 Python 由小到大排列数字

本实例主要使用 Python 制作一个由小到大排列数字的程序，用户输入 3 个整数（x,y,z）后，Python 会将这 3 个整数由小到大输出。在编写代码时，需要将最小的数放到 x 上，先将 x 与 y 进行比较，如果 x>y 则将 x 与 y 的值进行交换；然后用 x 与 z 进行比较，如果 x>z 则将 x 与 z 的值进行交换，这样能使 x 最小。

下面介绍使用 Python 由小到大排列数字的操作方法。

步骤 01 打开 IDLE Shell 3.12.1 程序，选择 File｜Open 命令，如图 3-40 所示。

步骤 02 执行操作后，弹出"打开"对话框，选择相应的脚本文件，如图 3-41 所示。

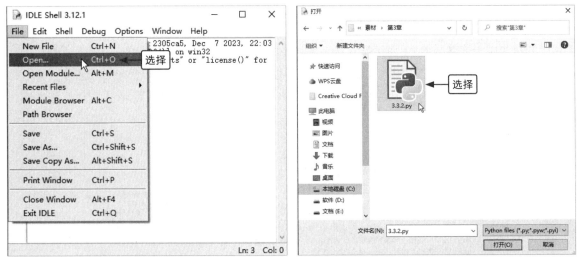

图3-40 选择Open命令　　　　　　　　图3-41 选择相应的脚本文件

步骤 03 单击"打开"按钮，即可打开脚本文件，其中显示了以下文本信息，这段代码是一个简单的 Python 程序，其目的是让用户输入 3 个整数，并将它们按从小到大的顺序排序后输出，如图 3-42 所示。

```python
#!/usr/bin/python3

l = []
for i in range(3):
    x = int(input('integer:\n'))
    l.append(x)
l.sort()
print (l)
```

步骤 04 选择 Run｜Run Module 命令运行代码，要求用户输入一个数字，这里输入数字 9，如图 3-43 所示。

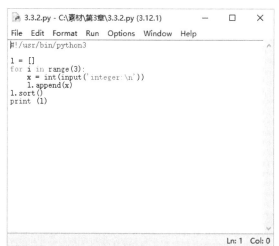

图3-42　打开脚本文件

图3-43　输入一个数字

温馨提示●

图 3-42 中的主要代码含义如下。

① "l = []" 这行代码的作用是初始化一个空列表l，用于存储用户输入的整数。

② "for i in range(3):" 这行代码用于开始一个for循环，它将重复执行 3 次。

③ "x = int(input('integer:\n'))" 这行代码用于提示用户输入一个整数，并将输入的值转换为整数类型后存储在变量x中。这里使用 input 函数来读取用户输入的信息，并使用 int 函数来确保用户输入的是一个整数。

④ "l.append(x)" 这行代码用于将用户输入的整数x添加到列表l的末尾。

⑤ "l.sort()" 这行代码用于对列表l中的整数进行排序。默认情况下，sort 方法会按从小到大的顺序对列表进行排序。

⑥ "print(l)" 这行代码用于输出排序后的列表l。

步骤 05　按【Enter】键确认，再次输入两个数字，如图 3-44 所示。

步骤 06　按【Enter】键查看运行结果，Python 程序会输出这 3 个整数，且它们按从小到大的顺序排列，如图 3-45 所示。

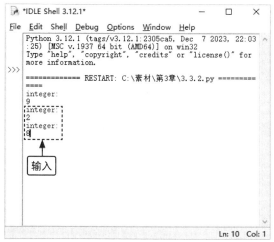

图3-44　输入两个数字

图3-45　查看运行结果

案例 31 使用文心一言 AI 大模型由小到大排列数字

文心一言可以对数字进行排序，用户将需要排序的数字输入文心一言的提问框中，并添加"由小到大排列数字"的提示词，即可得到按从小到大顺序排列的结果。如果用户输入了数字 9、2、8，则文心一言将自动对这 3 个数字进行排序，并输出结果 [2, 8, 9]，如图 3-46 所示。

图3-46　使用文心一言AI大模型由小到大排列数字

这种数字排序功能在许多场景下都非常有用。例如，在处理数据、制作表格或进行统计时，用户需要将数字按照从小到大的顺序排列。通过使用文心一言 AI 大模型，用户可以快速、准确地完成这项任务，而无须手动排序或编写复杂的代码。

3.3.3　实例 3：使用 Python 输出斐波那契数列

斐波那契数列（Fibonacci Sequence）是一个著名的数列，又称黄金分割数列，它通常从 0 和 1 开始，之后的每一个数字都是前两个数字的和，相关示例如图 3-47 所示。具体来说，斐波那契数列是这样一个序列：1,1,2,3,5,8,13,21,34,…

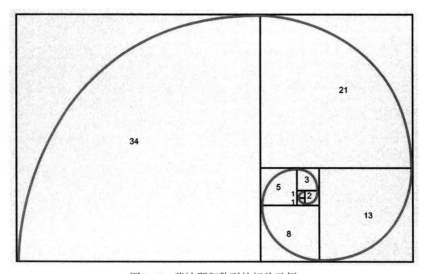

图3-47　斐波那契数列的相关示例

斐波那契数列在自然界中有很多有趣的例子，具体如下。

❶ 向日葵种子的排列方式类似于斐波那契数列。

❷ 菠萝的鳞片螺线排列与斐波那契数列有关。

❸ 树木的生长模式常常遵循斐波那契数列的规律。

此外，斐波那契数列在数学、计算机科学、经济学等领域也有广泛的应用。例如，在计算机图形学中，斐波那契数列可以用来生成分形图像；在经济学中，斐波那契数列可以用来分析股票价格等。

下面介绍使用 Python 输出斐波那契数列的操作方法。

步骤 01 打开 IDLE Shell 3.12.1 程序，选择 File｜Open 命令，弹出"打开"对话框，选择相应的脚本文件，如图 3-48 所示。

步骤 02 单击"打开"按钮，即可打开脚本文件（见图 3-49），其中显示了以下文本信息，这段代码定义了一个计算斐波那契数列中第 n 个数字的函数，并输出了第 10 个数字作为示例。

```
#!/usr/bin/python
# -*- coding: UTF-8 -*-

def fib(n):
    a,b = 1,1
    for i in range(n-1):
        a,b = b,a+b
    return a

# 输出了第 10 个斐波那契数
print (fib(10))
```

图3-48 选择相应的脚本文件

图3-49 打开脚本文件

温馨提示 ●

图 3-49 中的主要代码含义如下。

① "def fib(n):"这行代码定义了一个名为 fib 的函数，该函数用于接收一个参数 n。

② "a,b = 1,1"这行代码用于初始化两个变量 a 和 b，并将它们分别设置为斐波那契数列的前两个数字（1 和 1）。

③ "for i in range(n-1):"这行代码是一个 for 循环，它将运行 n-1 次。

④ "a,b = b,a+b" 这行代码是for循环的主体，它使用了Python的多重赋值功能，将b的当前值赋给a，并将a+b的值赋给b。这里主要用到了斐波那契数列的定义，即每个数字是前两个数字的和。

⑤ "return a" 这行代码主要通过函数返回计算出的斐波那契数列中的第n个数字。

⑥ "print (fib(10))" 这行代码通过调用fib函数，并传入参数10，然后输出结果，即输出斐波那契数列中的第10个数字。

步骤 03　选择 Run ｜ Run Module 命令运行代码，即可输出斐波那契数列中的第10个数字，如图3-50所示。

步骤 04　选择 File ｜ Open 命令，打开另一个脚本文件，其中显示了以下文本信息，这段代码定义了一个递归函数fib，用于计算斐波那契数列中的第n个数字，并输出了第10个斐波那契数，如图3-51所示。

```python
#!/usr/bin/python
# -*- coding: UTF-8 -*-

# 使用递归
def fib(n):
    if n==1 or n==2:
        return 1
    return fib(n-1)+fib(n-2)

# 输出了第10个斐波那契数
print (fib(10))
```

图3-50　代码运行结果　　　　　　图3-51　打开另一个脚本文件

> **温馨提示●**
>
> 图 3-51 中的主要代码含义如下。
>
> ① "def fib(n):" 这行代码定义了一个名为fib的递归函数，该函数用于接收一个参数n，表示要计算斐波那契数列中的第n个数字。

② "if n==1 or n==2:" 这行代码是递归的基本情况，即当n等于1或2时，函数直接返回1。注意，这里的定义与标准的斐波那契数列略有不同，标准定义中n==1时返回0，n==2时返回1。因为通常斐波那契数列的前两个数字是0和1，但这里的定义是前两个相同的数字，即1和1。

③ "return fib(n-1)+fib(n-2)" 这行代码是递归的递归情况，即当n大于2时，函数返回前两个斐波那契数的和，这是通过两次递归调用fib(n-1)和fib(n-2)来计算的。

步骤 05 选择 Run │ Run Module 命令运行代码，即可使用递归函数输出斐波那契数列中的第 10 个数字，如图 3-52 所示。需要注意的是，这种递归实现是非常低效的，因为它会重复计算很多次相同的斐波那契数。

步骤 06 选择 File │ Open 命令，再次打开一个脚本文件，其中显示了以下文本信息，这段代码定义了一个函数 fib，用于计算斐波那契数列中的前 n 个数字，并输出前 10 个斐波那契数，如图 3-53 所示。

```python
#!/usr/bin/python
# -*- coding: UTF-8 -*-

def fib(n):
    if n == 1:
        return [1]
    if n == 2:
        return [1, 1]
    fibs = [1, 1]
    for i in range(2, n):
        fibs.append(fibs[-1] + fibs[-2])
    return fibs

# 输出前 10 个斐波那契数
print (fib(10))
```

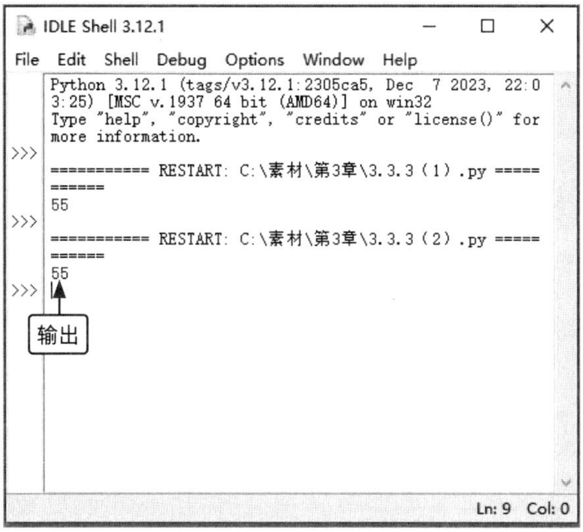

图3-52 代码运行结果

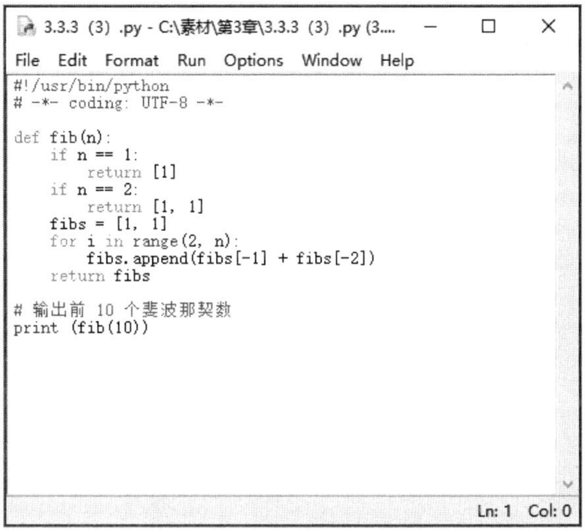

图3-53 打开相应脚本文件

图 3-53 中的主要代码含义如下。（注意，之前解释过的重复代码后面不再解释。）

① "if n == 1:" 这行代码是递归的基本情况，即当n等于1时，函数会返回一个包含数字1的列表。

② "if n == 2:" 这行代码是递归的基本情况，即当n等于2时，函数会返回一个包含数字1和1的列表。

③ "fibs = [1, 1]" 这行代码用于初始化一个包含两个斐波那契数的列表。

④ "for i in range(2, n):" 这行代码是一个for循环，从2开始到n-1，用于计算斐波那契数列中的下一个数字。

⑤ "fibs.append(fibs[-1] + fibs[-2])" 这行代码表示在循环中，将当前数字（前两个数字的和）添加到列表的末尾。

⑥ "return fibs" 这行代码用于返回包含前n个斐波那契数的列表。

步骤 07 　选择 Run ｜ Run Module 命令运行代码，即可使用 Python 语言定义一个计算斐波那契数列的函数，并输出前 10 个斐波那契数，如图 3-54 所示。

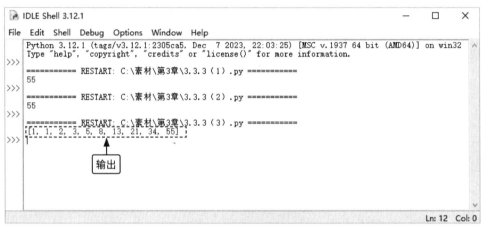

图3-54　代码运行结果

案例 32 使用文心一言 AI 大模型输出斐波那契数列

想要文心一言输出斐波那契数列，用户可以通过向它提问或给出指令来实现，在提问框中输入"前两个数字为（1，1），请给我斐波那契数列的前10项"，按【Enter】键确认，文心一言会尝试理解这个请求，并生成相应的斐波那契数列，如图 3-55 所示。

需要注意的是，文心一言可能不会像图 3-55 所描述的那样直接输出数列，它更可能会以自然语言的形式解释斐波那契数列是什么，或者提供一些相关的信息。如果用户需要计算斐波那契数列，使用 Python 或其他编程语言通常是更高效和直接的方法。

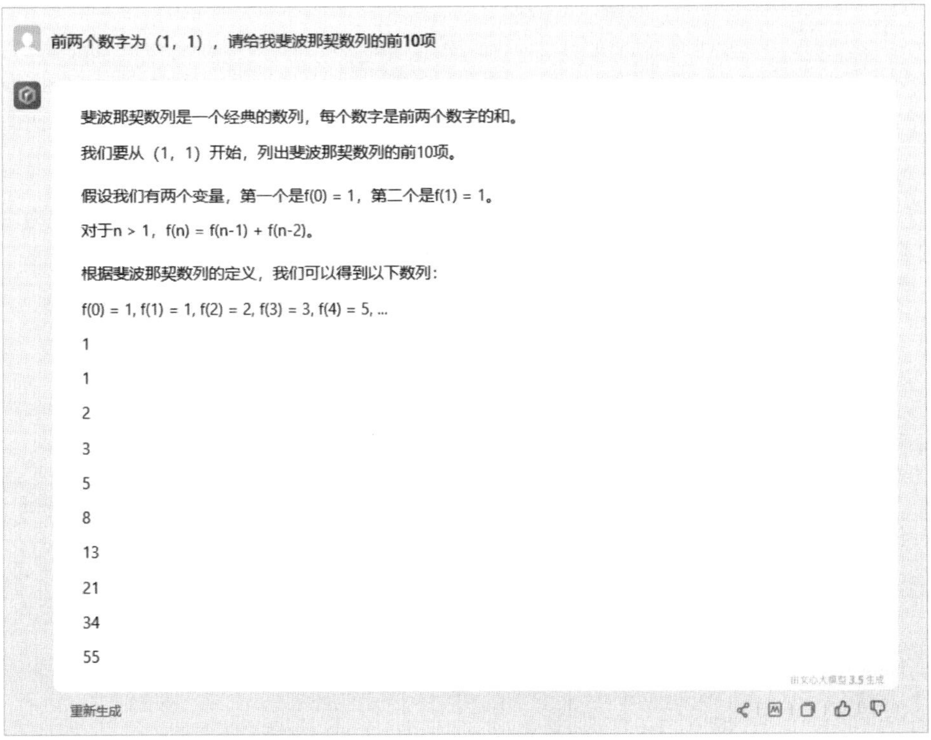

图3-55　使用文心一言AI大模型输出斐波那契数列前10项

3.3.4　实例 4：使用 Python 输出九九乘法口诀表

九九乘法口诀表是一个二维结构，需要同时考虑行和列。在本实例中，我们将使用 i 和 j 两个变量来控制行和列。具体来说，i 从 1 到 9，表示行数；j 也从 1 到 9，表示列数。这样，我们就可以通过控制 i 和 j 的值来遍历整个乘法口诀表。

下面介绍使用 Python 输出九九乘法口诀表的操作方法。

步骤 01　打开 IDLE Shell 3.12.1 程序，选择 File ｜ Open 命令，弹出"打开"对话框，选择相应的脚本文件，如图 3-56 所示。

步骤 02　单击"打开"按钮，即可打开脚本文件，其中显示了以下文本信息，这段代码主要用于输出一个九九乘法口诀表，如图 3-57 所示。

```
#!/usr/bin/python3

for i in range(1, 10):
    print()
    for j in range(1, i+1):
        print ("%d*%d=%d" % (i, j, i*j), end=" " )
```

温馨提示 ●

上述文本信息中的主要代码含义如下。

① "for i in range(1, 10):" 这行代码是一个for循环，i的值从 1 到 9。

② "print()" 这行代码用于在每次外层循环迭代时输出一个空行，可以分隔乘法口诀表的每一行。

③ "for j in range(1, i+1):" 这行代码是内层 for 循环，j 的值从 1 到 i（包括 i）。

④ "print ("%d*%d=%d" % (i, j, i*j), end=" ")" 这行代码用于输出乘法公式和结果。%d*%d=%d 是一个字符串格式化指令，其中 %d 会被后面的变量值替换。在此处，第 1 个和第 2 个 %d 会被替换为 i 和 j 的值，第 3 个 %d 会被替换为 i*j 的结果。end=" " 用于指定输出结束后不换行，而是在其后添加一个空格，从而实现在同一行内可以连续输出多个乘法公式。

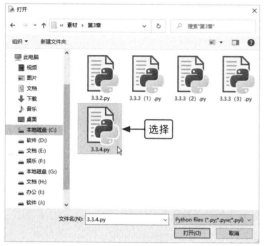

图3-56　选择相应的脚本文件

图3-57　打开脚本文件

温馨提示●

Python 支持使用单引号（'）、双引号（"）和三引号（'''或"""）来表示字符串。注意，为了确保字符串的正确性，开始和结束的引号类型必须一致。

三引号是一种特殊的字符串表示方式，它可以包含多行文本。这种语法常用于创建多行字符串，尤其是在需要编写大量文本内容，如文档字符串或注释时，三引号允许用户方便地在文件的特定位置插入多行注释，使整个代码更加清晰、易读。

步骤 03　选择 Run ｜ Run Module 命令运行代码，即可输出一个九九乘法口诀表，如图 3-58 所示。

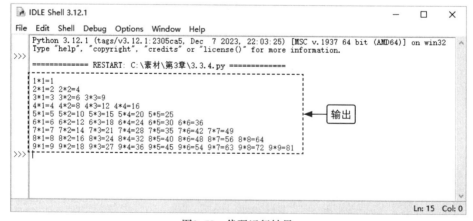

图3-58　代码运行结果

案例 **33** 使用文心一言 AI 大模型输出九九乘法口诀表

文心一言 AI 大模型具有强大的自然语言处理能力，能够快速理解和处理人类语言。这使得它可以快速生成九九乘法口诀表，且生成过程准确高效，如图 3-59 所示。通过运用自然语言处理技术，文心一言可以轻松应对各种语言任务，如文本生成、文本分类、情感分析等。同时，文心一言还具备跨语言处理能力，可以处理多种语言的文本数据。

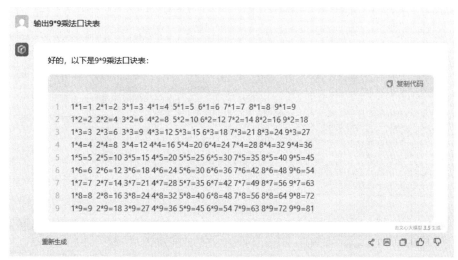

图3-59　使用文心一言AI大模型输出九九乘法口诀表

3.3.5　实例 5：使用 Python 制作猜数字游戏

本实例主要使用 Python 制作一个猜数字的小游戏。在游戏中，计算机将在 0 到 100 之间随机生成一个数字，用户需要尽可能快地猜出这个数字是多少。每轮游戏都会给出提示，帮助用户逐渐缩小数字范围。下面介绍使用 Python 制作猜数字游戏的操作方法。

步骤 01　打开 IDLE Shell 3.12.1 程序，选择 File ｜ New File 命令，打开新的代码窗口，输入以下文本信息。这是一个简单的猜数字游戏的 Python 代码，如图 3-60 所示。

```python
import random

def guess_number():
    number_to_guess = random.randint(1, 100)
    guess = None
    attempts = 0

    while guess != number_to_guess:
        guess = int(input("请猜一个 1 到 100 之间的数字："))
        attempts += 1
        if guess < number_to_guess:
            print("太小了！再试一次。")
        elif guess > number_to_guess:
            print("太大了！再试一次。")
```

```
    print(f"恭喜你, 你在 {attempts} 次尝试后猜对了! ")

if __name__ == "__main__":
    guess_number()
```

步骤 02 选择 Run | Run Module 命令运行代码，要求用户猜一个 1 到 100 之间的数字。例如，这里输入 50，如图 3-61 所示。

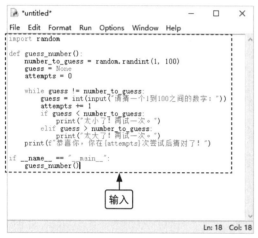

图3-60 输入相应文本信息

图3-61 输入相应的数字

温馨提示●

图 3-60 中的主要代码含义如下。

① "import random" 这行代码用于导入 Python 中的 random 模块，从而生成随机数。

② "def guess_number():" 这行代码是一个函数定义，名为 guess_number。当这个函数被调用时，它会执行后续的代码块。

③ "number_to_guess = random.randint(1, 100)" 这行代码使用 random.randint(1, 100) 来生成一个 1 到 100 之间的随机整数，并将其赋值给变量 number_to_guess。

④ "guess = None" 这行代码用于初始化变量 guess 的值为 None，这个变量将用来存储用户的猜测值。

⑤ "attempts = 0" 这行代码用于初始化变量 attempts 的值为 0，这个变量将用来计算用户猜测的次数。

⑥ "while guess != number_to_guess:" 这行代码是一个 while 循环，只要用户的猜测（存储在 guess 变量中）不等于目标数字（存储在 number_to_guess 变量中），循环就会继续。

⑦ "guess = int(input("请猜一个 1 到 100 之间的数字: "))" 这行代码用于提示用户输入一个数字，并将用户输入的字符串转换为整数，然后存储在变量 guess 中。

⑧ "attempts += 1" 这行代码用于在每次循环时，将用户的猜测次数加 1。

⑨ 接下来的 if-elif 语句是判断用户的猜测与目标数字的大小关系，并给出相应的提示。

● 如果用户猜的数字小于目标数字，程序会输出 "太小了! 再试一次。"。

● 如果用户猜的数字大于目标数字，程序会输出 "太大了! 再试一次。"。

⑩ "print(f"恭喜你, 你在 {attempts} 次尝试后猜对了! ")" 这行代码用于用户猜对数字后输出用户猜测的次数。

⑪ "if __name__ == "__main__":" 这行代码是一个常见的 Python 模式，用于确定后续缩进的代码块只在直接运行此脚本时执行，而不是在作为模块导入时执行。

⑫ "guess_number()" 这行代码调用了上面定义的 guess_number 函数，从而开始游戏。

步骤 03 按【Enter】键查看运行结果，由于输入的数字与计算机随机生成的数字不对应，因此游戏继续，同时 Python 程序会给出提示，告诉用户猜的数字是大了还是小了，如图 3-62 所示。

步骤 04 用户需要继续猜数字，直到猜对为止，并且 Python 程序会显示用户猜了多少次才猜对，如图 3-63 所示。

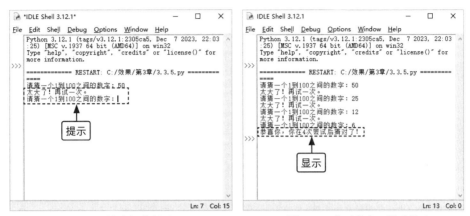

图3-62　给出相应提示　　　　　　　　图3-63　猜对数字，游戏结束

案例 34　使用文心一言 AI 大模型玩猜数字游戏

用户可以使用文心一言 AI 大模型来玩猜数字游戏，文心一言会根据用户输入的信息生成相应的提示和答案，使得游戏更加智能、有趣，如图 3-64 所示。

图3-64　使用文心一言AI大模型玩猜数字游戏

当用户猜测的数字过大或过小时，文心一言可以生成相应的提示信息，告诉用户所猜的数字是大了还是小了，同时还给出一些建议，帮助用户缩小猜测范围。此外，文心一言还可以根据用户的反馈，生成一些有趣的对话，增加游戏的趣味性和互动性。

文心一言经过大规模语料库的训练，学习了大量的语言规则、语义特征和上下文信息，从而能够理解人类输入的语言，并从中提取关键信息。在猜数字游戏中，文心一言可以根据用户给出的提示词，理解用户的意图和猜测结果，从而给出相应的回答。

另外，文心一言采用生成式对话技术，可以根据上下文信息生成与对话相关的内容。在猜数字游戏中，文心一言会自动引导用户逐步缩小猜测范围，最终帮助用户猜出数字。此外，文心一言还具备自我学习和优化能力，可以在不断使用的过程中提高对话质量和生成内容的准确性。

> **温馨提示**
>
> 在Python中编写猜数字游戏等代码时，用户还需要注意标识符的构成规则，具体规则如下。
>
> ① 标识符可以由字母、数字和下划线组成，但不能以数字开头。
>
> ② Python中的标识符是区分大小写的。
>
> ③ 下划线开头的标识符具有特殊意义。例如，以单下划线开头的标识符表示不能直接访问的类属性，需要通过类提供的接口进行访问；而以双下划线开头的标识符代表类的私有成员，以双下划线开头和结尾的标识符则代表Python中的特殊方法，如__init__()代表类的构造函数。
>
> ④ Python允许在同一行显示多条语句，每条语句之间可以用分号（;）分隔。

本章小结

本章介绍了Python编程语言的基础知识和实战应用。先介绍了Python的安装与部署流程，包括下载与安装Python及配置Python环境变量；接着，通过6个技巧，讲解了Python编程的语法格式，包括输出英文字符、输出中文字符、定义不同数据、进行加减乘除计算及使用条件语句和循环语句；最后，通过5个实例，详细讲解了Python编程的实战应用，包括计算业绩提成奖金、由小到大排列数字、输出斐波那契数列、输出九九乘法口诀表及制作猜数字游戏。通过本章的学习，读者可以掌握Python编程语言的基本知识和应用技巧，为后续学习AI训练知识打好基础。

课后习题

鉴于本章知识的重要性，为了帮助读者更好地掌握所学知识，下面将通过课后习题帮助读者进行简单的知识回顾。

1. 使用Python输出"AI训练师"，如图3-65所示。

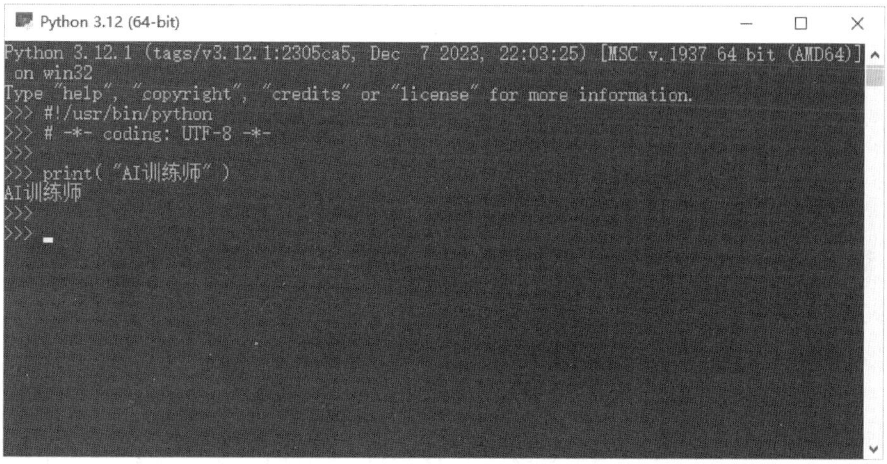

图3-65　输出"AI训练师"

2. 使用Python输出指定格式的日期，如图3-66所示。

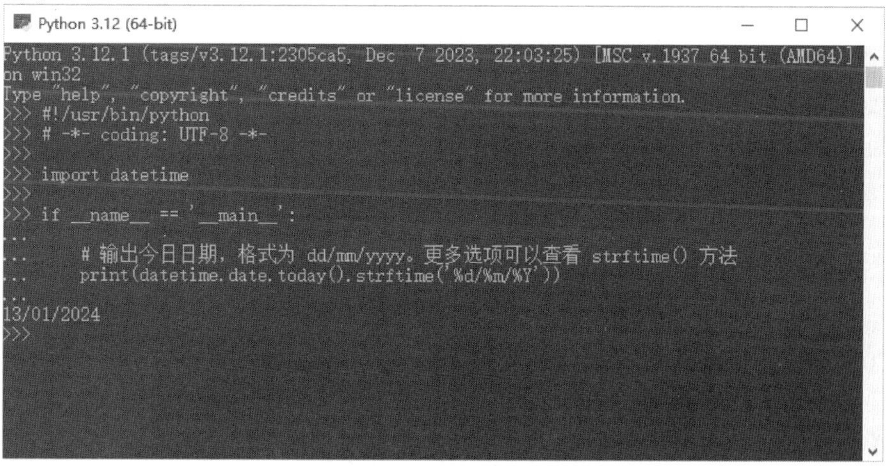

图3-66　输出指定格式的日期

第 4 章

机器学习算法
——常用的 AI 训练方法

　　AI 训练主要依赖于机器学习和深度学习两种算法，机器学习通过使计算机自主解析数据模型，提升其智能化水平；而深度学习则可以模仿人脑神经网络，通过多层神经网络的联合，实现对数据的深入理解和分析。本章主要介绍机器学习算法的基本知识和应用场景，帮助读者更好地理解 AI 训练的原理和方法。

4.1 认识机器学习算法

机器学习，作为计算机科学领域的一门学科，致力于构建预测模型，旨在解决各类业务问题。机器学习依托于可以自我学习的算法，无须依赖基于规则的编程，其核心思想在于："若计算机程序在特定任务 T 上的性能（以 P 为度量）能够随经验 E 的积累而提升，则可认为该程序能够从关于任务 T 和性能度量 P 的经验 E 中学习。"

那么，其运作机制又是如何呢？简而言之，机器学习通过接触海量的数据（包括结构化和非结构化）并从中吸取经验，进而对未来进行预测。这一过程涉及多种算法与技术，共同促使机器从数据中不断学习与进步。本节主要介绍机器学习算法的基本知识，看看它是如何提升人工智能的"智慧"水平的。

4.1.1 机器学习与人工智能：共筑智能未来

机器学习是人工智能中的一个细分领域，致力于赋予计算机一种无须人为明确编程的智能决策能力。通过多种训练算法，机器学习能够利用简单的 if-then 规则、复杂的数学方程，甚至是神经网络架构来训练模型。

> **温馨提示●**
>
> if-then 规则是一种逻辑模式，通常表示为"如果这个条件被满足，那么这个结果就会发生"。这种规则通常用于描述事物之间的关系，其中"如果"部分是条件，"那么"部分是结果。
>
> 在编程和算法中，if-then 规则主要用于根据特定条件执行特定的操作或决策。例如，如果某个变量等于某个值，那么就执行特定的代码块。if-then 规则也可以用于模糊控制中，表示模糊条件和模糊结果之间的关系。

在众多机器学习算法中，许多都依赖于结构化数据来训练模型。结构化数据，顾名思义，是按照特定格式或结构组织的数据，如电子表格或数据库表格中的数据。利用结构化数据进行模型训练，不仅能显著缩短训练时间，还能降低对资源的消耗。更重要的是，这种训练方式能让 AI 训练师更为清晰地理解模型是如何解决问题的。

机器学习模型的应用领域极为广泛，几乎涵盖了各行各业，无论是医疗保健、电子商务、金融还是制造行业，都能见到其身影。通过机器学习，企业能够更精准地进行市场预测、风险评估和客户细分，从而优化运营策略和提升市场竞争力。

案例 35 淘宝推出原生 AI 大模型应用"淘宝问问"

"淘宝问问"是机器学习模型在电子商务中的一个典型应用案例。在阿里云通义千问大模型成功通过备案并正式向公众开放后，淘宝又开始内部测试接入通义千问的 AI 购物助手"淘宝问问"，这标志着人工智能在电商领域的应用迈出了新的一步。

通过淘宝的搜索栏，用户只需输入"问问"并选择"淘宝 AI 助手"选项，即可轻松跳转到"淘宝问问"界面，如图 4-1 所示。"淘宝问问"凭借其全方位的功能，为用户提供了更智能、便捷的购物体验。此次与通义千问的合作，无疑将进一步提升淘宝的服务质量，为用户带来更多的惊喜和便利。

图4-1　跳转到"淘宝问问"界面

"淘宝问问"这款 AI 购物助手展现出了多元化角色，它既像一位"资深导购员"为用户提供个性化的商品挑选建议，如图 4-2 所示；又如一位"生活小能手"为用户解答生活中的各类疑问，如图 4-3 所示；同时，它还能化身为"灵魂写手"，为用户提供文案写作的灵感和建议。

图4-2　提供个性化的商品挑选建议

图4-3　解答生活中的各类疑问

在当今时代，用户在网购的过程中，常常需要在多个电商平台间穿梭，寻找符合自身需求的内容与商品。然而，随着人工智能技术的不断发展，这一过程正逐渐简化。AI 不仅缩短了用户查找心仪商品的时间与路径，还为其节省了决策成本。

"淘宝问问"相较于传统的淘宝搜索框，更能深入理解用户的需求，并给出更具参考价值的建议，助力用户迅速找到符合其个性化需求的商品。值得一提的是，"淘宝问问"能够与其他内部生态产品形成联动，提供一站式的跨领域解决方案。

例如，当消费者在"淘宝问问"上提出与旅行相关的问题时，它可以自动关联飞猪等旅行服务平台，为用户提供出行、住宿、游玩景点、行程安排及装备购买等全方位旅行解决方案，如图 4-4 所示。

图4-4 "淘宝问问"可提供全方位的旅行解决方案

需要注意的是，淘宝在用户须知中明确指出："受限于训练数据及当前技术发展程度，输出仅供参考，我们无法完全保证其真实性、准确性、合法性及可用性。"并强调："输出中返回的商品及相关图片、视频、音频，是以您的输入及基于输入生成的输出作为关键词检索获得，任何时候都不意味着我们对商品及相关内容的推荐。"

毫无疑问，"淘宝问问"是淘宝在原有搜索功能基础上的一次创新尝试，通过接入基于机器学习算法的大模型技术，赋予了淘宝与用户对话的能力，让淘宝的应用场景不再局限于电商领域，而是拓展到了导购、科普、创意内容生成等多个领域，为用户带来了全新的购物体验。从商业角度来看，淘宝通过自动化客户支持与智能搜索技术，有效降低了运营成本，同时还能明显提高用户的购买意愿，且提高电商转化率。

展望未来，"淘宝问问"有望为淘宝的内容生态注入新的活力。通过将机器学习模型与内容直播、货架电商紧密结合，它有望为平台带来更多流量与业务增长。随着人工智能技术与机器学习算法的持续发展，电商行业正迈向一个自动化、无人化的新时代。

4.1.2　3个基本类型：了解机器学习算法的技术原理

机器学习利用计算机算法从数据中自动学习并改进模型，以解决各种实际问题。机器学习算法可以根据不同的学习方式进行分类，包括监督学习、无监督学习和强化学习。

1. 监督学习

监督学习是机器学习中的一种重要任务，旨在建立输入 X 与输出 Y 之间的数学关联。这种输入与输出的对应关系，构成了我们用于构建模型的标签数据。这样，机器便能学会如何根据输入预测相应的输出。

简单来说，监督学习是从已有的训练数据中学习一个函数或模型，这个函数或模型在面对新的数据时，能够根据其内在规律预测结果。其中的训练数据要求包含输入与输出，也就是说，除了特征值，还需要目标值（也称标签），这些目标值通常由人工进行预先标注（也称数据标注）。

在监督学习的情境下，数据已经过标注，意味着我们已知目标变量。利用这种方法，机器可以根据历史数据预测未来的结果。但这也要求我们至少为模型提供输入和输出变量，才能对其进行训练。

监督学习的实例众多，包括但不限于线性回归、逻辑回归、支持向量机、朴素贝叶斯和决策树等。同时，监督学习在实际应用中有着广泛的应用场景，具体如下。

❶ **图像识别**：将图片自动分类，如根据照片中的人脸区分性别。

❷ **文本分析**：自动将文本进行分类，如将新闻划分为政治、体育或经济等类别。

❸ **语音转文本**：机器能将语音自动转换为文字记录。

案例 36　剪映"智能字幕"功能自动将语言转换为文字

剪映的"智能字幕"功能就是利用监督学习算法，将音频轨道中的语音或歌词内容精准地转换成文字。这一功能在许多场景下都发挥着重要的作用，为用户带来了极大的便利。监督学习在"智能字幕"功能中发挥了核心作用，为了实现音频到文字的转换，剪映首先需要一个标注过的数据集，其中包含了各种语音和歌词样本及对应的文字标注。通过使用这些标注数据对模型进行训练，剪映的"智能字幕"功能逐渐学会了如何将音频信号转化为准确的文字。

在训练过程中，剪映使用了各种先进的监督学习算法，包括深度学习模型和自然语言处理技术。这些算法通过不断学习和优化，逐渐提高了语音识别的准确率，使"智能字幕"功能能够快速、准确地识别音频内容，并将其转换为相应的文字。

在应用方面，"智能字幕"功能在许多场景中都展现出了其强大的实用价值。例如，在视频制作过程中，为视频添加字幕是一项耗时且烦琐的任务。然而，通过使用剪映的"智能字幕"功能，用户只需将音频文件导入剪映中，系统便能自动识别语音并生成相应的字幕，如图4-5所示。这不仅大大节省了用户的时间和精力，还提高了字幕的准确性和一致性。

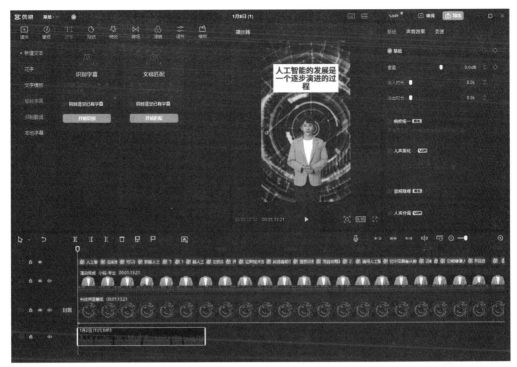

图4-5　剪映的"智能字幕"功能

　　此外，"智能字幕"功能还在音频翻译、会议记录、讲座笔记等领域发挥了重要作用。对于那些需要将音频内容转化为文字的用户来说，这项功能无疑提供了一个实用而可靠的解决方案。

　　监督学习不仅应用于分类问题，也广泛应用于回归问题。分类问题主要是将数据划分至预定义的类别中；而回归问题则是通过输入数据预测连续的数值输出。在监督学习中，决策树、支持向量机、逻辑回归、神经网络等算法都是经典的选择。

> **温馨提示●**
>
> 　　支持向量机是一种典型的监督学习算法。其目标是在特征空间上找到最佳的分离超平面（将两个不相交的凸集分割成两部分的一个平面），使得训练集上的正负样本间隔达到最大。
>
> 　　支持向量机主要用于分类和回归分析，在解决小样本、非线性及高维模式识别问题中表现出许多特有的优势，并能够推广应用到函数拟合等其他机器学习问题中。支持向量机通过一个超平面对数据进行划分，这个超平面由一系列参数来表示。支持向量机是一种二元分类器，其决策边界是对学习样本求解的最大边距超平面，在解决多类问题时需要对代码进行一些修改。
>
> 　　支持向量机模型是将实例表示为空间中的点，这样映射就可以使单独类别的实例被尽可能宽的、明显的间隔分开，然后将新的实例映射到同一空间，并基于它们落在间隔的那一侧来预测所属类别。

案例 37　Google 翻译利用监督学习算法提升精准度

　　Google 翻译利用监督学习算法，通过学习大量已翻译的文本，机器能够为新文本提供准确的翻译，如图 4-6 所示。Google 翻译的监督学习算法核心在于，通过学习一个词在源语言中的表达与其在目标语言中的对应关系，来预测新文本的翻译结果。

图4-6　Google翻译

2．无监督学习

无监督学习是一种仅依赖输入变量 X 的机器学习任务。在无监督学习中，变量 X 代表的是未经标注的数据，机器学习算法通过挖掘数据的内在结构来构建模型。简而言之，无监督学习是一种从原始数据中寻找规律和特征的自主学习方式。

在无监督学习中，机器并不依赖人为标记的标签，而是通过自我探索、归纳和总结，尝试解读数据中的内在规律和特征，这有助于发现隐藏在数据中的模式和结构。常见的无监督学习算法主要有聚类、降维等，如表 4-1 所示。

表4-1　常见的无监督学习算法

算法名称	类型	特点	应用
K-means	基于划分方法的聚类	K-means 是一种常见的聚类算法，通过迭代将数据划分为 K 个簇，使每个数据点与其所在簇的中心点之间的距离之和达到最小	客户分析与分类图形分割
Birch	基于层次的聚类	Birch 是一种自适应的聚类算法，适用于大规模数据集。它使用 CF Tree（Clustering Feature Tree，聚类特征树）来维护数据的统计信息，以便快速进行聚类和查询	图片检索、网页聚类
DBSCAN	基于密度的聚类	DBSCAN（Density-Based Spatial Clustering of Applications with Noise，具有噪声的基于密度的聚类方法）是一种基于密度的聚类算法，它将具有足够高密度的区域划分为簇，并识别出噪声点	社交网络聚类、电商用户聚类
Sting	基于网格的聚类	Sting 是一种基于网格的聚类算法，将数据空间划分为一系列的矩形网格单元，然后对每个单元进行聚类	语音识别、字符识别
PCA	线性降维	PCA（Principal Component Analysis，主成分分析）是一种降维算法，通过将高维数据投影到低维空间，来降低数据的维度。PCA 会寻找数据中的主要模式，但并不会消除不重要的细节	数据挖掘、图像处理
LDA	线性降维	LDA（Linear Discriminant Analysis，线性判别分析）常用于分类问题，它通过最大化不同类别之间的距离和最小化同一类别内的分散度，来找到最佳的投影方向	人脸识别、舰艇识别
LLE	非线性降维	LLE（Locally Linear Embedding，局部线性嵌入）是一种用于非线性数据的降维算法，它能够保持数据点之间的局部关系不变，并将其嵌入低维空间中	图像识别、高维数据可视化
LE	非线性降维	LE（Laplacian Eigenmaps，拉普拉斯特征映射）是一种基于图的无监督学习算法，用于非线性降维，它通过优化数据的局部关系来找到低维表示	故障检测

聚类算法的目标是将数据集划分为若干个簇或群组，使得同一簇内的数据点尽可能相似，而不同簇的数据点尽可能不同；降维算法则通过降低数据的维度，将高维数据转换为低维数据，以便更好地理解和分析。无监督学习的算法还包括层次聚类、自编码器等，这些算法在处理大规模数据集、提取潜在特征、降维处理等方面都能够表现出良好的性能。

> **温馨提示 ●**
>
> 　　层次聚类是一种聚类方法，它试图在不同的层次上对数据进行划分，从而形成树形的聚类结构。这种方法首先将参与聚类的个案（或变量）各视为一类，然后根据两个类别之间的距离或者相似性逐步合并，直到所有个案（或变量）合并为一个大类为止。
>
> 　　自编码器是一种无监督的神经网络模型，用于学习输入数据的有效编码。自编码器由两部分组成：编码器和解码器。编码器会将输入数据压缩成一个低维的表示（也称编码），而解码器则尝试从这个编码中重建原始数据。通过这种方式，自编码器可以学习输入数据的内在结构和模式，而不需要标签或其他监督信息。自编码器在许多领域都有应用，如数据压缩、异常检测和生成模型（如 ChatGPT、Stable Diffusion）等。

无监督学习的应用场景非常广泛，包括但不限于聚类分析、异常检测和降维处理等。聚类分析在许多领域都有应用，如市场细分、社交网络分析等；异常检测则用于识别与常规数据点显著不同的异常数据点，如欺诈检测、故障预测等；而降维处理则用于简化数据的复杂性，便于分析处理，如图像压缩、特征提取等。

案例 38　Amazon 利用无监督学习重塑电商体验

在 Amazon 电商平台的推荐系统中，无监督学习被用于分析用户的历史浏览和购买行为，从而自动为用户推荐可能感兴趣的商品，如图 4-7 所示。Amazon 先通过收集用户在平台上的行为数据，包括浏览记录、购买历史、评分反馈等；然后利用无监督学习算法识别出用户行为中的模式和趋势，如哪些类型的商品经常被一起购买；接着使用聚类算法对商品进行自动分类，构建更加精细化的推荐策略，以提高推荐的准确性和用户满意度。

图4-7　Amazon电商平台推荐的商品

3．强化学习

强化学习是一种特殊的机器学习方法，它的任务是决定下一步的行动方案。其学习方式与其他机器学习方式有所不同，它不需要训练数据集，而是通过与环境互动，不断尝试采取不同的行动，并根据行动的结果获得反馈（奖励或惩罚）。因此，强化学习是一种试错学习（Trial and Error Learning）方式，即通过不断地尝试和改正错误，来找到最优的行动方案，以最大化获得奖励回报。

强化学习的核心在于，智能体（Agent）会从环境中接收观察结果（Observation）和奖励（Reward），并根据这些信息决定对环境执行何种操作（Action）。环境对智能体的操作会给予反馈，这种反馈通常以奖励的形式出现，奖励可以衡量某一行动在实现任务目标方面的成功概率。

强化学习的典型算法包括 Q-Learning、SARSA、Actor-Critic 等，这些算法通过不同的方式实现强化学习的目标，但它们的核心思想都是基于行动、状态和奖励的交互来学习最优的行动策略，相关介绍如下。

❶ Q-Learning 是一种基于值迭代的强化学习算法，通过学习在给定状态下采取的行动的价值来指导智能体的行为选择。Q-Learning 算法的核心是 Q 函数，它表示在给定状态下采取特定行动的预期回报，通过不断更新 Q 函数，智能体可以逐渐学到最优的行动策略。

❷ SARSA 是一种基于"状态 - 行动 - 奖励 - 状态 - 行动（SARSA）"的在线学习算法，用于强化学习中的动作选择问题。SARSA 算法通过记录在给定状态下采取的行动及其后果，以及相应的奖励来指导智能体的行为。SARSA 算法可以在连续动作空间中应用，通过使用适当的探索策略来找到最优的行动策略。

❸ Actor-Critic 是一种结合策略方法和价值方法的强化学习算法。Actor-Critic 算法由两个部分组成：Actor 和 Critic。Actor 负责根据当前状态选择最优的行动，而 Critic 则负责评估状态值函数和动作值函数的准确性，并用于更新策略参数。通过将这两个部分结合，Actor-Critic 算法可以更快速地学到最优的行动策略。

强化学习在许多领域都有应用，如游戏、机器人控制和自动驾驶等。

❶ 在游戏领域，强化学习可以训练机器人在游戏中进行决策，如在围棋游戏中让机器人学习下棋策略。

❷ 在机器人控制领域，强化学习可以让机器人学会控制自己的行为，如让机器人学会走路或抓取物体。

❸ 在自动驾驶领域，强化学习可以通过学习让车辆进行自动驾驶决策，如在交通拥堵时自动调整行车路线。

案例 39 基于强化学习算法的 AlphaGo 人工智能围棋程序

阿尔法狗（AlphaGo）是谷歌 DeepMind 实验室开发的一个基于强化学习算法的人工智能程序，旨在学习下围棋。该程序通过自我对弈的方式进行学习，不断优化自己的策略，最终战胜了人类围棋世界冠军。这个案例展示了强化学习在人工智能领域的巨大潜力，也证明了强化学习在处理复杂决策问题时的有效性。

4.1.3　6 个基本流程：看懂机器学习算法的工作方式

下面将深入探讨机器学习算法的 6 个基本流程，帮助大家轻松看懂机器学习算法的工作方式，为进一步探索和应用机器学习奠定坚实的基础。

1．准备数据集

在构建机器学习模型的过程中，数据集是不可或缺的起点。数据集本质上是一个 $M \times N$ 矩阵，其中 M 代表特征的数量，而 N 代表样本的数量。特征可以进一步分解为 X 和 Y，其中 X 是输入变量或特征，而 Y 是相应的类别标签或因变量。

2．探索性数据分析

探索性数据分析（Exploratory Data Analysis，EDA）的目的是深入了解数据，它涉及对数据的清洗、描述（包括统计量和图表）、分布观察、关系比较、直觉培养和总结等。探索性数据分析强调数据的真实分布，注重可视化操作，帮助分析人员直观地发现数据中隐藏的规律，从而为选择合适的模型提供依据。

通常使用的探索性数据分析方法包括描述性统计（如均值、中位数和标准差等）、数据可视化（如热力图、箱形图、散点图等）和数据整形（如透视、分组和过滤等）。

案例 40 常用的数据可视化工具——散点图

散点图是一种常用的数据可视化工具，用于显示两个变量之间的关系，如图 4-8 所示。在散点图中，数据点以点的形式呈现，并分布在 x 轴和 y 轴构成的平面上，通过观察散点图中点的分布情况，可以推断出两个变量之间是否存在相关性、线性关系、正相关或负相关等。散点图常用于科学、经济、社会和统计学等领域的数据分析。

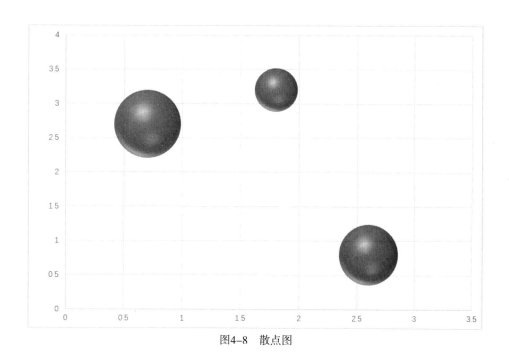

图4-8 散点图

3．数据预处理

在现实工作中，原始数据常常存在各种问题，如数据缺失、异常值、数据分布不均等。这些问题的存在可能导致机器学习模型无法得到准确的结果。因此，数据预处理的目的就是清洗和整理原始数据，使其适用于机器学习模型，提高模型的准确性和可靠性。

数据预处理的具体操作包括数据清洗、特征选择、特征转换、数据分割等。

❶ 数据清洗：这是确保数据质量和准确性的关键步骤，涉及检测和纠正数据中的错误、缺失和异常值等问题。通过填充缺失值、修正错误值或删除异常值等方式，数据清洗能够提高数据的可靠性和一致性。

❷ 特征选择：这是从原始特征中挑选出与预测目标最相关的特征，降低特征维度，避免出现过拟合和欠拟合等问题。通过去除不相关或冗余的特征，可以提高模型的运行效率和准确性。

❸ 特征转换：这是将原始特征转换为更能代表预测目标的新特征，如通过降维算法减少特征维度，或者通过特征编码将分类变量转换为机器学习模型可以理解的格式。

❹ 数据分割：这是将数据集分成较小的、可以独立管理的物理单元，以便于重构、重组和恢复，并提高创建索引和顺序扫描的效率。数据分割不仅有助于提高模型的准确性和稳定性，而且能够发现潜在的数据模式，并评估模型的泛化能力。适当的数据分割可以帮助 AI 训练师更好地理解和改进机器学习模型。

4．机器学习算法建模

在数据处理和预测领域，机器学习算法扮演着核心角色。根据目标变量（通常标记为 Y）的类型，我们选择合适的模型进行构建。这个目标变量可以是连续的数值（如预测房价）或离散的类别（如邮件分类）。

机器学习算法主要分为三大类：监督学习、无监督学习和强化学习。每种类型都有其独特的应用场景和优势，具体内容前面已经介绍，此处不再赘述。机器学习算法建模的方法有很多种，以下是其中的一些主要方法。

❶ 决策树：这种方法是通过建立一个树状图来对数据进行分析和预测，可以用来进行分类或者回归分析。

❷ 随机森林：这种方法结合了决策树和集成学习技术，通过构建多个决策树来提高预测的准确性和稳定性。

❸ 逻辑回归：这是一种用于处理分类问题的机器学习方法，通过将数据映射到不同的类别来预测结果。

❹ 支持向量机：这种方法试图找到一个超平面以分隔数据，使得不同类别的数据点距离该平面尽可能远。

❺ 深度学习：这种方法使用神经网络进行预测，其中神经网络包含多个隐藏层。深度学习可以用于分类、回归和生成模型等任务，后面章节会进行具体介绍。

❻ K 最近邻（K-Nearest Neighbor，KNN）：这种方法通过找到与当前数据点最相似的 K 个邻居，并根据这些邻居的标签进行预测。

❼ 聚类分析：这种方法通过对数据进行聚类，将相似的数据点归为一组，通常用于无监督学习。

❽ 降维技术：这种方法通过降低数据的维度来提高可解释性和可视化效果，常见的降维技术包括主成分分析和线性判别分析等。

5．选择合适的机器学习任务

以监督学习算法为例，常见的机器学习任务包括分类和回归。其中，分类是机器学习中的一种任务，旨在将输入数据分配给预定义的类别。对于机器学习来说，分类具有重要的意义，因为它可以帮助我们理解和预测不同类型的数据，并做出相应的决策。要实现分类任务，通常需要执行以下步骤。

❶ **数据收集和预处理**：收集相关的数据，并进行必要的预处理，如清洗、去重、特征提取等。

❷ **特征选择**：选择与分类任务相关的特征，并可能需要对特征进行归一化或标准化处理。

❸ **算法选择**：选择合适的分类算法，如决策树、支持向量机、逻辑回归等。

❹ **训练模型**：使用训练数据集训练分类模型，调整模型参数并进行优化。

❺ **评估模型**：使用测试数据集评估模型的性能，常见的评估指标包括准确率、精确率、召回率和 F1 分数等。

❻ **优化和调整**：根据评估结果对模型进行优化和调整，以提高分类性能。

回归是一种监督学习技术，用于找到变量之间的相关性，并使机器学习模型能够根据一个或多个预测变量预测连续输出变量。回归在机器学习中具有重要意义，因为它可以帮助我们理解和预测数据之间的关系，并做出相应的决策。

在实际应用中，机器学习任务的选择取决于具体的问题和数据特征。此外，为了获得更好的应用效果，还可以采用集成学习、特征工程等技术进行进一步优化。

6．评估应用效果

最后，我们需要评估机器学习算法在实际数据上的应用效果，这一步至关重要，因为它有助于我们了解算法的泛化能力及确认是否能够在实际应用中取得预期的成果，具体方法如下。

❶ 将训练好的模型应用于真实数据集，并记录其预测结果。这一步通常被称为模型部署或模型应用。在这个阶段，我们主要关注模型的预测准确性、稳定性和效率等方面。

❷ 关注模型在实际应用中的效率。效率通常指的是模型处理数据和做出预测的速度。为了评估效率，可以比较模型在不同硬件平台上的运行时间、内存占用率等指标。此外，还可以通过优化算法和参数来提高模型的效率。

通过合理的评估方法，我们可以全面了解机器学习算法的泛化能力、预测准确性、稳定性和效率等方面的表现，从而为实际应用提供可靠的依据。

4.2 6类场景，精通机器学习算法的应用

机器学习的应用场景非常广泛，它可以用于图像识别和分类、自然语言处理、推荐系统等领域，提高计算机的智能化水平。

在实际应用中，选择合适的机器学习算法和模型非常重要。不同的算法和模型适用于不同的问题和数据类型，需要根据具体的情况进行选择。同时，为了提高机器学习模型的性能和准确性，还需要对数据进行适当的归一化和缩放，以及对模型进行调参和优化。

4.2.1 图像识别和分类：人脸识别、图像检索、物体识别

图像识别和分类是机器学习的一个重要应用领域，通过训练模型，机器学习算法能够识别和分类图

像中的物体、人脸或其他特征。

在人脸识别方面，机器学习算法通过训练大量的面部图像数据集，学习识别不同面部特征的方法。一旦训练完成，基于机器学习算法训练的模型（简称为机器学习模型）就可以快速准确地识别人脸，广泛应用于身份验证、安全监控、社交媒体等领域。

案例 41 人脸识别闸机开启"刷脸坐地铁"时代

上海申通地铁集团与阿里巴巴、蚂蚁金服合作推出人脸识别闸机，推动地铁服务的智能化升级。人脸识别闸机提升了地铁运营的效率，也为乘客提供了更加便捷、安全的出行体验，如图4-9所示。

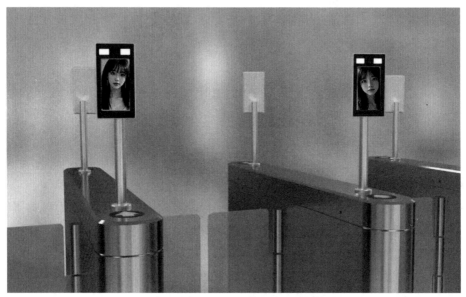

图4-9 人脸识别闸机

阿里巴巴和蚂蚁金服为申通地铁提供了先进的机器学习算法支持，这些算法在人脸识别技术中发挥着关键的作用。通过训练大量的人脸图像数据集，机器学习算法能够识别并区分不同的人脸特征。当乘客经过人脸识别闸机时，摄像头捕获到的人脸图像会迅速与数据库中的数据进行比对，以确认乘客的身份。一旦匹配成功，闸机就会自动开启，允许乘客进站。

这项技术的实现得益于机器学习算法的高效性和准确性。通过不断学习和优化，算法能够逐渐提高人脸识别的准确率，降低误判的可能性。此外，随着数据量的不断增加和技术的持续进步，人脸识别技术在地铁进站场景中的应用将变得更加成熟和可靠。

除了人脸识别，图像检索也是机器学习在图像分类中的一个重要应用。通过训练模型对图像进行分类，用户可以输入关键词或选择分类标签来检索相关的图像，这种技术广泛应用于搜索引擎、电子商务平台和图片分享网站等场景。

此外，物体识别也是机器学习在图像分类中的重要应用之一。通过训练模型对不同物体进行分类，机器学习算法可以帮助我们在图像中识别出特定的物体，如汽车、动物或植物等。这种技术可以应用于自动驾驶、智能监控、农业等领域。

案例 **42** 微信"扫一扫"可自动识别花草、动物、商品等物体

　　微信的"扫一扫"功能是一个非常强大的工具，它能够识别花草、动物、商品等物体，如图 4-10 所示。这主要依赖于图像识别技术和机器学习算法。微信会先通过摄像头或相册获取图片；然后使用图像处理技术进行预处理，包括调整亮度、对比度、锐度等，以便更好地识别特征；接下来，使用深度学习算法对图像进行分类，识别出其中的花草或动物。这个过程需要大量的训练数据和计算资源，从而不断提升"扫一扫"识物的性能和用户体验。

图4-10　微信的"扫一扫"功能

4.2.2　自然语言处理：机器翻译、文本分类、语音识别

　　自然语言处理依赖于机器学习技术来实现各种任务。机器翻译、文本分类、语音识别等任务都需要依赖于机器学习算法来进行大规模的数据分析和处理。通过训练模型，机器学习算法能够使计算机理解和生成人类语言，进而完成各种自然语言处理任务。

　　其中，机器翻译是自然语言处理中的一个重要应用，它使用机器学习算法将一种语言自动翻译成另一种语言。通过训练大量的双语语料库，机器学习模型可以掌握语言之间的转换规则和语义对应关系，从而实现自动翻译。

　　除了机器翻译，文本分类也是自然语言处理中的一项常见任务，它使用机器学习算法对大量文本数据进行分类或标签化，以便快速有效地对文本进行检索、过滤和分析，常见的应用场景包括垃圾邮件过滤、新闻分类和情感分析等。

　　另外，语音识别也是自然语言处理中一个重要应用，它使用机器学习算法将语音信号转换为文本或命令。通过训练大量的语音样本数据，机器学习模型可以掌握语音特征与文本之间的对应关系，从而自

动识别语音内容。

自然语言处理技术的应用范围不断扩大，已经深入人们生活的各个方面，如智能客服、语音助手和智能家居等。随着技术的不断发展，自然语言处理在未来的应用将更加广泛和深入，为人们带来更加便捷和智能化的交互体验，后面的章节也会更详细地进行介绍。

案例 43 百度地图利用自然语言处理技术提升导航体验

百度地图中的"小度"集成了语音识别、自然语言理解、语音合成等技术，为用户提供智能化的导航服务。用户可以通过语音与"小度"进行交互，输入目的地、查询路线、获取实时路况等信息，如图 4-11 所示。

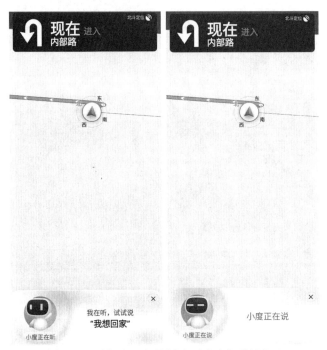

图4-11 用户可以通过语音与"小度"进行交互

在用户发出语音指令后，"小度"先进行语音识别，将语音转换为文本，然后使用自然语言处理技术对文本进行分析和理解，提取出关键信息。根据用户的需求，"小度"可以快速生成相应的导航方案，并提供实时的路况信息和交通提示，帮助用户顺利到达目的地。

另外，"小度"还具备智能推荐功能，可以根据用户的习惯和历史路径，推荐更加合适的路线和目的地。它还可以回答用户的各种问题，提供相关的信息和知识。这些功能都得益于自然语言处理技术的不断发展，使得"小度"能够更好地理解用户的意图，提供更加智能化和个性化的服务。

4.2.3 推荐系统：电商平台商品推荐、社交媒体内容推荐

通过机器学习算法，推荐系统能够从大量用户行为数据中提取有用的信息，根据用户的兴趣和偏好进行个性化推荐，提供独特的使用体验。机器学习算法能够提升推荐系统的准确性和精度，降低信息过载，使用户更容易找到感兴趣的内容。

此外，机器学习算法还可以帮助推荐系统进行实时性和准确性的更新和调整，以更好地满足用户需求。例如，通过引入强化学习技术，系统可以通过与用户的交互进行自主学习和优化，实现更精准的个性化推荐。同时，多模态推荐等新领域的发展也离不开机器学习的支持，通过对多种模态数据的学习和组合，系统可以更全面地理解用户的兴趣和需求，提供更准确的推荐结果。

电商平台上的商品推荐是推荐系统的一种常见应用。电商平台可以利用机器学习算法分析用户的购物历史、浏览记录、搜索行为等数据，从而为用户推荐相关商品。这种推荐可以帮助用户快速找到所需的商品，提高购物体验，同时也有助于提高电商平台的商品销量。

社交媒体内容推荐也是推荐系统的典型应用之一。社交媒体平台可以通过分析用户的点赞、评论、关注等行为，以及用户的个人资料和兴趣爱好等信息，为用户推荐相关内容或好友。这种推荐有助于提高用户的参与度和黏性，增加社交媒体平台的用户活跃度和影响力。

除了电商平台和社交媒体，推荐系统还广泛应用于其他领域，如视频网站、音乐平台、新闻资讯应用等。在这些领域中，机器学习算法可以根据用户的喜好和行为，为用户推荐个性化的内容或服务，提高用户体验和满意度。

案例 44　今日头条利用 AI 技术实现个性化资讯推荐

今日头条利用机器学习等人工智能技术打造出智能化的推荐系统，通过分析用户行为数据，构建用户画像，提取内容特征，训练推荐模型。同时，推荐系统还能够实时调整推荐策略，实现了个性化的资讯推荐，如图 4-12 所示，提升了用户体验。

图4-12　今日头条利用机器学习技术实现了个性化资讯推荐

今日头条的推荐算法基于机器学习和大数据分析，通过分析用户的浏览历史、兴趣偏好、地理位置等因素，为每个用户生成个性化的推荐列表，该算法主要基于协同过滤和深度学习两个核心原理，相关介绍如下。

❶ 协同过滤：通过分析用户的历史行为和其他相似用户的行为，预测用户的兴趣偏好。例如，如果一个用户经常点击与体育相关的新闻，那么该用户可能对体育类新闻感兴趣，推荐系统会推荐更多与体育相关的内容。

❷ 深度学习：通过分析大量的用户行为数据和内容特征，训练出能够预测用户兴趣和行为的模型。该模型会根据用户的实时行为和反馈进行自适应调整，提高推荐的准确性和用户体验。

4.2.4 工业制造：质量控制、异常检测

将机器学习技术应用于工业制造中，可以提高生产效率、降低成本、提升产品质量、保障生产安全，为企业创造更多的商业价值。下面是一些机器学习在工业制造中的常见应用。

❶ 质量控制：机器学习可以通过分析历史数据和实时数据，对生产过程进行监控和优化，以提高产品质量。通过识别影响质量的因素，机器学习算法可以预测产品质量并提前预警，帮助企业及时调整生产参数，避免不合格产品的出现。

❷ 异常检测：在工业制造中，异常检测是非常重要的一个环节，机器学习可以通过分析生产过程中的各种数据，如温度、压力、流量等，自动检测出异常情况，并迅速发出警报，以便及时处理，这有助于减少设备故障和维护成本，提高生产效率和安全性。

除了上述应用，机器学习技术还可以应用于工业制造的其他方面，如工艺优化、能源管理、供应链管理等。总之，机器学习技术在工业制造中的应用非常广泛，通过结合具体的行业需求和场景特点，机器学习技术可以为工业制造带来巨大的创新空间。

案例 45 **梅卡曼德将 AI 和 3D 视觉技术融入汽车制造工艺**

梅卡曼德将 AI 和 3D 视觉技术融入汽车制造工艺，特别针对焊装场景推出了 3D 视觉引导抓放件系统，如图 4-13 所示。此系统可以帮助工位精准判断和纠偏工件的型号与位置，引导机械臂进行精确抓取和放置。这种"AI ＋机器人"智能工作站不仅满足了汽车制造的柔性需求，还在工艺执行质量、产能目标和成本控制等方面为主机厂提供了有力保障。

图4-13　3D视觉引导抓放件系统实现汽车生产的自动化、无人化装配

梅卡曼德研发的 3D 视觉引导抓放件系统，不仅设计简洁、操作直观，而且注重用户友好性。其完全图形化的界面，让用户无须具备深厚的编程基础，即可轻松实现无序抓取、上下料、拆码垛等复杂操作。该系统还具备引导定位 / 装配、缺陷检测、3D 测量及机器人涂胶等多种先进机器视觉应用功能，满足了工业生产中复杂且多样化的需求。

此外，该系统内置了 3D 视觉和机器学习等前沿算法模块，能够高效处理各类图像数据，进一步提高检测的准确性和效率。该系统的出现，无疑为工业自动化领域带来了巨大的便利和革新，无论是汽车制造、电子装配还是物流分拣等行业，都能从中受益匪浅。

4.2.5　自动驾驶：视觉感知、路况识别

机器学习算法在自动驾驶领域中的应用比较常见，从视觉感知到路况识别，再到决策规划和控制执行等各个环节，推动着自动驾驶技术的进步，为人们带来更加安全、舒适和便捷的出行体验。

首先，视觉感知是自动驾驶的核心环节之一。通过安装于车辆上的高清摄像头，机器学习算法能够实时获取周围环境的信息，包括道路标志、车辆、行人及其他障碍物。这些图像数据经过处理后，会被输入机器学习模型中进行训练，模型会从中学到识别不同物体和场景的能力。经过大量数据的训练，模型能够逐渐提高准确率，最终实现对路况的有效感知。

其次，路况识别也是机器学习算法在自动驾驶中的重要应用。路况信息包括道路的表面状况、交通信号、车道线、交叉路口及其他交通参与者等。通过训练神经网络等机器学习算法，自动驾驶系统能够逐渐学会如何识别和理解这些路况信息。例如，系统可以识别出路面上的湿滑区域，从而调整车辆的行驶速度和稳定性控制策略，以避免打滑或失控。此外，机器学习算法还可以用于预测交通流量、识别交通拥堵区域以及规划最佳行驶路径等方面，从而提高自动驾驶系统的安全性和效率。

另外，在自动驾驶中，决策规划和控制执行是至关重要的环节，而机器学习算法在这方面也扮演着关键角色。决策规划主要涉及对车辆行为的决策，包括行驶路径、速度和加速度等。机器学习算法通过分析大量驾驶数据，学习最优的决策策略，如车道保持、超车、停车等，这些策略可以根据不同路况和驾驶条件进行调整，以提高驾驶的安全性和效率。

控制执行涉及对车辆动力学的精确控制，包括加速、制动和转向等。机器学习算法可以用于训练模型，以学习车辆的动力学特性和控制策略。通过训练模型来模拟驾驶员的驾驶行为，机器学习算法能够实现精确的车辆控制，保证驾驶的安全性和稳定性。此外，深度强化学习在决策规划和控制执行中也有广泛的应用。通过模拟驾驶环境、强化学习技术，可以使车辆在不断试错中掌握最优的驾驶策略，并根据不同的路况和驾驶条件进行自适应调整，从而提高自动驾驶系统的适应性。

案例 46　极越 01——打造智能化的"汽车机器人"

极越 01 搭载了 ROBO Drive Max 高阶智能辅助驾驶系统，展现了不断突破边界、追求创新的态度，如图 4-14 所示。极越 01 的功能丰富多样，包括点到点领航辅助（Point to Point Autopilot，PPA）、车道保持、前向碰撞预警、限速识别及超速提醒等，为用户创造智能科技出行体验。

极越 01 的核心优势在于其强大的智能化配置。极越 01 采用了超旗舰芯片——高通骁龙 8295，其算力是 8155 芯片的 8 倍，使得语音控制更为迅速，大屏操作更为流畅，全舱体验更为沉浸。极越

01 的智能 AI 伙伴 SIMO，使语音控制全车成为可能，提供了 500 毫秒的快速响应速度，让用户的需求能够得到即时满足。即使在无网络或网络信号较弱的环境中，SIMO 也能保持在线状态，让用户在任何情况下都能自如地与车辆进行交互。

图4-14　极越01的智驾功能

在导航和驾驶辅助方面，极越 01 配备了 3D 智能驾驶地图，能够实时渲染路线，减少盲区，提高驾驶安全性。此外，JET（JIDU Evolving Technology，集度的进化科技）是集度汽车自研的高阶自动驾驶智能化架构，它为极越 01 提供了强大的电子电气架构和操作系统，它基于前沿的 AI 科技，结合百度的高阶自动驾驶能力和吉利的 SEA（Sustainable Experience Architecture，可持续体验架构）浩瀚架构，实现了全栈应用。

通过实时分析大量的传感器数据和车辆运行信息，机器学习可以帮助智能辅助驾驶系统识别和预测道路上的障碍物、交通信号和其他相关因素，从而为驾驶员提供更加准确和及时的驾驶辅助。总的来说，极越 01 凭借其卓越的智能化配置和全方位的辅助驾驶功能，成了一款真正意义上的"汽车机器人"。

4.2.6　环境保护：气象预测、大气污染监测

机器学习在环境保护中广泛应用且具有重要意义。其中，气象预测和大气污染监测是两个关键领域，机器学习为解决这些问题提供了强大的工具。

气象预测是环境管理中至关重要的部分。通过机器学习算法，我们可以更准确地预测天气情况、气候变化和极端天气事件。这些预测对于灾害预防、农业规划、能源管理等方面具有重要意义。

案例 47　谷歌 DeepMind 利用机器学习模型预测天气

谷歌 DeepMind 利用机器学习模型开发出天气系统 GraphCast，它能够分析大量的历史气象数据，用户只需输入当前和 6 小时前的天气状态，AI 就能不断滚动预测未来 10 天的天气状况。这种长期预测有助于制定更为可持续的资源管理策略，减少气候变化对环境和人类活动的影响。

GraphCast 运用了机器学习和图神经网络（Graph Neural Network，GNN）技术来处理数据，并基于过去的天气状况进行预测。在具体操作中，GraphCast 利用当前和 6 小时前的天气状况作为输入，

预测未来 6 小时的天气状况。然后，这些预测结果被反馈回模型，形成一个持续滚动的计算过程。这种方法在一台 Google TPU v4 机器上能够在 1 分钟内完成长达 10 天的预测，相较于使用超级计算机的数值天气预报（Numerical Weather Prediction，NWP），不仅效率更高，而且成本更低。

> **温馨提示●**
>
> Google TPU v4 是谷歌的第四代定制 AI 芯片，设计目标是用于加速强化学习和语言模型推理。一个包含 4096 个 v4 TPU 的 pod（即一组芯片）可以提供超过一个 Exaflops（百亿亿次浮点运算）的 AI 计算能力，相当于 1000 万台普通笔记本电脑的计算能力总和。

大气污染监测是环境保护中的另一重要领域。随着城市化和工业化的快速发展，空气污染问题日益严重，对人类健康和生态系统造成威胁，机器学习技术为大气污染监测提供了新的解决方案。

通过部署传感器网络，收集不同地区的空气质量数据，然后利用机器学习算法对这些数据进行处理和分析，可以实时监测空气质量状况、追踪污染源及预测未来空气质量变化。这有助于制定有针对性的污染控制措施，减少污染物排放，保护环境和公众健康。

除了气象预测和大气污染监测，机器学习在环境保护中还有许多其他应用。例如，利用机器学习技术进行生态保护区的物种识别和生态监测，以及通过分析卫星遥感数据来监测全球气候变化等。这些应用不仅提高了环境保护的效率和准确性，还有助于我们更好地理解自然环境和生态系统的运作机制。

本章小结

本章主要深入探讨了机器学习算法，这是人工智能领域中常用的训练方法。通过本章的学习，读者可以对机器学习算法有更深入的理解，并能够认识到它在各个领域中的重要作用。在未来的人工智能研究和应用中，机器学习技术将继续发挥关键作用，为我们的生活和工作带来更多的便利和创新应用。

课后习题

鉴于本章知识的重要性，为了帮助读者更好地掌握所学知识，下面将通过课后习题帮助读者进行简单的知识回顾和补充。

1. 机器学习算法有哪 3 个基本类型？

2. 机器学习算法在社交媒体平台上有哪些应用？

第 5 章
深度学习算法
——AI 训练师的核心技能

　　本章将深入探讨深度学习算法，这是人工智能领域中前沿和非常重要的技术之一，同时也是 AI 训练师需要掌握的核心技能。深度学习作为机器学习的一个重要分支，通过构建深度神经网络来模拟人脑的认知过程，已在语音识别、图像处理、自然语言理解等领域取得了突破性的成果。本章主要介绍深度学习的基本原理及应用场景。

5.1 认识深度学习算法

在探索机器学习时，深度学习作为其中的一个子集，已经引发了科学界的广泛关注。受到人类大脑结构和功能的启发，深度学习算法能够处理海量的结构化和非结构化数据，为解决复杂问题提供了新的可能性。深度学习算法的核心概念——人工神经网络，赋予了机器前所未有的决策能力。在本节中，我们将深入探讨深度学习的奥秘，从其基本原理到工作流程，带领大家认识深度学习算法。

5.1.1 概念解读：认识深度学习算法

深度学习算法是以人工神经网络为基础，旨在模拟人脑神经元之间的连接方式和信息传递过程，通过大量数据和计算资源进行训练和优化，能够有效地解决许多传统机器学习算法无法解决的问题。

相比于其他机器学习算法，深度学习算法最大的特点是能够自主学习特征，即通过训练自动识别数据中的模式和规律，而无须人工指定特征。深度学习算法的核心思想是特征学习，因此在计算机视觉、自然语言处理、语音识别等领域的表现非常出色。

案例 48 **深度学习算法在无人机视觉导航与避障中的应用**

无人机使用深度学习算法来识别和处理图像，以便在各种环境中能够稳定飞行并执行任务。深度学习算法在无人机视觉导航与避障中发挥了关键作用，使无人机在复杂环境中实现更精确、可靠的导航和避障功能。

图 5-1 所示为大疆 Air 3 的 APAS 5.0（Advanced Pilot Assistance System 5.0，高级飞行辅助系统 5.0）全向视觉感知系统，它具有强大的"全向避障"功能，能够在多个方向上更快、更顺畅地避开障碍物，为全方位摄影创作保驾护航。

图5-1　大疆 Air 3 的 APAS 5.0 全向视觉感知系统

深度学习算法通过分析无人机拍摄的图像，进行目标检测、三维重建、位置估计等任务，同时实现障碍物检测、路径规划等功能，保障无人机安全飞行。

深度学习算法的核心是人工神经网络，其中较基本的模型是感知机模型（Perceptron Model）。感知机模型是一个线性分类器，它基于输入的特征向量和权重向量之间的点积进行决策。然而，感知机模型只能处理线性可分的数据，对于非线性问题，它无法找到一个超平面进行分割。

为了解决这个问题，深度学习算法引入了多层感知机（Multilayer Perceptron，MLP）模型。多层感知机模型通过堆叠多个感知机，形成了复杂的非线性分类器。每一层的感知机将前一层的输出作为输入，进行线性组合和激活函数运算，产生输出。这种结构使得多层感知机能够学到更复杂的特征，并处理更复杂的模式识别问题。

除了感知机模型和多层感知机模型，深度学习算法还涉及其他类型的神经网络，如卷积神经网络、循环神经网络和生成对抗网络等。这些网络结构各有特点，适用于不同的场景，本书后面章节会进行具体介绍。

另外，分类问题是深度学习算法中的一项关键任务。在分类问题中，输入是一组数据，输出是对这组数据的分类结果。为了实现分类，我们需要建立一个输入与输出之间的映射关系，这个映射关系可以用一组参数来表示，这组参数即为神经网络的权重。神经网络通过训练学到最优的权重，从而获得最佳的分类效果。

训练神经网络时采用的关键算法是反向传播算法，该算法根据误差反向调整模型权重，包括前向传播和反向传播两个阶段。在前向传播阶段，输入数据通过神经网络产生输出结果，这一过程也称"前向计算"；在反向传播阶段，将输出结果与真实结果进行比较，然后反向计算权重调整，从而将网络输出的误差降到最小。

5.1.2　深入对比：机器学习与深度学习的区别

机器学习和深度学习是人工智能领域中两个重要的算法，尽管这两种算法在训练各种有用模型方面都取得了显著的成功，但它们之间仍存在明显的差异。这些差异主要表现在模型结构、学习方法等多个方面，具体介绍如下。

❶ **在模型结构方面**：机器学习通常采用较简单的模型，如线性回归、逻辑回归等，这些模型主要适用于处理简单的线性问题；而深度学习则采用多层神经网络作为模型结构，通过多层次的连接和节点，实现对数据的深度学习和理解，尤其擅长处理复杂的非线性问题。

❷ **在学习方法方面**：机器学习主要采用监督学习和无监督学习方法，监督学习依赖于大量标注数据，通过模型学习输入和输出的对应关系，而无监督学习则不需要标注数据，模型可通过寻找数据内部的结构和规律进行学习；深度学习既可以采用监督学习方法，也可以采用无监督学习方法，尤其在监督学习方面，它可以在未标注数据上学习数据的特征表示，然后利用监督学习方法进行微调和优化。

❸ **在算法复杂性方面**：常见的机器学习算法相对简单；而深度学习算法则采用更高级别的复杂性，利用人工神经网络进行学习。

❹ **在所需资源方面**：由于机器学习算法更简单并且需要的数据集要小得多，因此可以在个人计算机上训练机器学习模型；而深度学习算法需要更大的数据集和更复杂的算法来训练模型，通常需要使用专用处理器（如 TPU 等）来节省大量时间。

> **温馨提示 ●**
>
> TPU（Tensor Processing Unit，张量处理单元）是一种专门为处理神经网络运算而设计的专用集成电路（Application Specific Integrated Circuit，ASIC）处理器。与传统的中央处理器（Central Processing Unit，CPU）和图形处理器（Graphics Processing Unit，GPU）相比，TPU 更加专注于深度学习的特定计算需求，从而在处理大规模神经网络模型时具有更高的性能和能效。

❺ **在适用的问题类型方面**：机器学习适用于解决更简单和更线性的问题，如分类、回归、降维和聚类等；而深度学习更适用于解决复杂问题，如图像和语音识别、自治系统、AI 游戏、机器人和自然语言处理等。需要注意的是，虽然深度学习也可以用于解决简单的线性问题，但这些问题通常更适合使用机器学习方法。

5.1.3　工作原理：深度学习算法的底层逻辑

从本质上来说，深度学习其实是机器学习中的一种范式，因此它们的算法流程基本相似。但深度学习算法在数据分析和建模方面进行了优化，通过神经网络统一了多种算法。在深度学习算法广泛应用之前，机器学习算法需要花费大量的时间去收集数据、筛选数据、提取特征、执行分类和回归任务。

深度学习算法的核心是构建多层神经网络模型并使用大量训练数据，使机器能够学到重要特征，从而提高分类或预测的准确性。深度学习算法通过模仿人脑的机制和神经元信号处理模式，使计算机能够自行分析数据并找出特征值。深度学习算法的底层逻辑如图 5-2 所示。

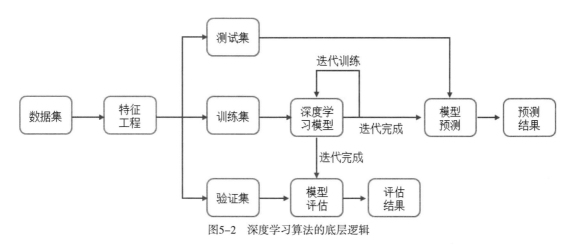

图5-2　深度学习算法的底层逻辑

图 5-2 中的部分术语解释如下。

❶ **数据集**：是深度学习算法的基础，它包含了用于训练、验证和测试模型的数据。

❷ **特征工程**：是深度学习中非常重要的一步，它涉及从原始数据中提取和创建特征的过程，这些特征可以被模型用来学习。

❸ **测试集**：用于评估模型性能的数据集，通常在训练过程中不使用。

❹ **训练集**：用于训练深度学习模型的数据集，模型通过学习训练集中的数据来学习如何进行预测或分类。

❺ **验证集**：用于在训练过程中评估模型的性能，并用于调整模型的超参数（在模型训练开始之前设

置的参数）。通常情况下，训练集、验证集和测试集的比例为 7：2：1。

⑥ 迭代训练：是深度学习中的一个重要过程，它涉及多次重复训练模型的过程。在每次迭代中，模型会根据训练集进行学习，并在验证集上评估其性能，然后根据评估结果来调整其参数。

⑦ 模型预测：是指使用已经训练好的模型来对新的、未见过的数据进行预测或分类。

⑧ 模型评估：是训练过程中和训练完成后对模型性能的评估，评估指标包括准确率、精确率、召回率等。

5.2 AI训练师实战：8个实例，掌握深度学习的应用场景

深度学习作为机器学习领域中的一种强大技术，已经深入各个行业和领域中，为人们解决复杂问题提供了新的思路和方法。本节将以百度飞桨的 AI Studio 平台为例，通过 8 个实例带大家深入了解深度学习的应用场景。

5.2.1 实例 1：使用 AI 生成绘画作品

通过训练 AI 绘画的深度学习模型，可以让计算机自动生成独特的绘画作品，让人感受科技与创意的完美结合。图 5-3 所示为使用 AI 生成的龙年吉祥物图像效果。

图5-3　使用AI生成的龙年吉祥物图像效果

下面介绍使用 AI 生成绘画作品的操作方法。

步骤 01 进入 AI Studio 平台的"应用"页面，在其中选择相应的 AI 应用，如图 5-4 所示。该 AI 应用基于 Stable Diffusion XL 基础模型进行训练。通过模型训练，AI 应用能够学到各种绘画风格和技巧，并且可以根据用户提供的文字描述，自动生成符合要求的绘画作品。

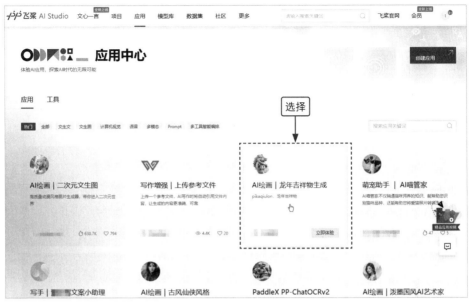

图5-4 选择相应的AI应用

步骤 02 执行操作后，进入 AI 应用的详情页面，输入相应的提示词（Prompt），如图 5-5 所示。提示词是深度学习中用于指导 AI 模型生成输出的一种文本输入，好的提示词可以引导 AI 模型生成更准确、丰富的内容。

图5-5 输入相应的提示词

步骤 03 单击"高级设置"按钮展开该选项区，设置"图片比例"为"3：2 文章配图"，使 AI 生成的图片符合 3：2 的比例，如图 5-6 所示。

图5-6　设置"图片比例"选项

步骤 04　单击"生成画作"按钮，AI 应用即可根据我们输入的提示词和设置的选项参数生成画作，效果如图 5-7 所示。

图5-7　生成画作效果

> **温馨提示●**
>
> 　　AI Studio 是基于百度深度学习平台飞桨的人工智能学习与实训社区，提供在线编程环境、免费 GPU 算力、海量开源算法和开放数据等资源，可以帮助开发者或 AI 训练师快速创建、训练和部署各种深度学习模型。

5.2.2　实例 2：使用 AI 翻译方言

基于深度学习模型训练的自然语言类 AI 应用，可以实现方言翻译的功能。它能够将各种方言准确无误地转化为标准语言，让更多的人理解。

下面介绍使用 AI 翻译方言的操作方法。

步骤 01　进入 AI Studio 平台的"应用"页面，在其中选择相应的 AI 应用，如图 5-8 所示。该 AI 应用基于 ERNIE 3.5 基础模型进行训练，ERNIE 是一种强大的深度学习模型，主要用于自然语言处理方面的任务。

图5-8　选择相应的AI应用

步骤 02　执行操作后，进入 AI 应用的详情页面，在"新对话"文本框中输入相应的提示词，给出了需要翻译的方言内容，同时还添加了两个问题，如图 5-9 所示。

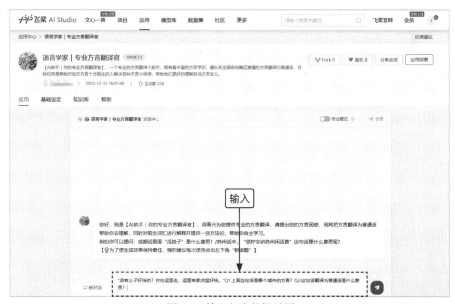

图5-9　输入相应的提示词

步骤 03　按【Enter】键确认，或者单击文本框右侧的"发送"按钮▣，将提示词发送给 AI 应用，AI 应用会根据提示词的要求进行回答，如图 5-10 所示。

图5-10 AI应用根据提示词的要求进行回答

5.2.3 实例 3：使用 AI 推荐美食

通过深度学习模型和推荐算法，AI 能够根据用户输入的地名，为用户推荐当地的美食。下面介绍使用 AI 推荐美食的操作方法。

步骤 01 进入 AI Studio 平台的"应用"页面，在其中选择相应的 AI 应用，如图 5-11 所示。该 AI 应用同样基于 ERNIE 3.5 基础模型进行训练，它是由百度开发的一种文本文档理解模型，主要通过捕获文本中的上下文信息和语义信息来理解文档内容。

图5-11 选择相应的AI应用

步骤 02　执行操作后，进入 AI 应用的详情页面，在"新对话"文本框中输入相应的提示词，要求 AI 找到河南郑州地区的特色早餐，如图 5-12 所示。

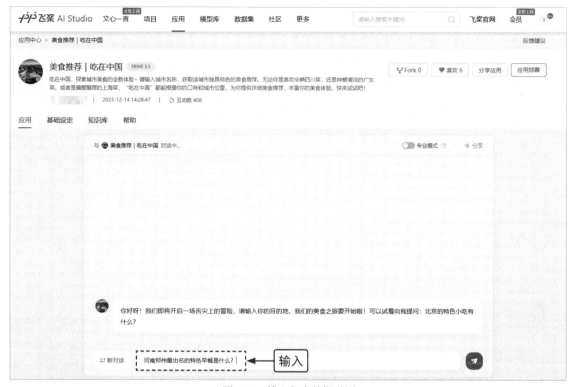

图5-12　输入相应的提示词

步骤 03　按【Enter】键确认，将提示词发送给 AI 应用，AI 应用会根据提示词的要求进行回答，如图 5-13 所示。

图5-13　AI应用根据提示词的要求进行回答

温馨提示 ●

用户可以切换至"知识库"选项卡，查看开发者在训练该深度学习模型时所使用的训练集，如图 5-14 所示。这些训练集包含了大量的中国美食数据，如各种食材的搭配、制作工艺、口感特点等信息。

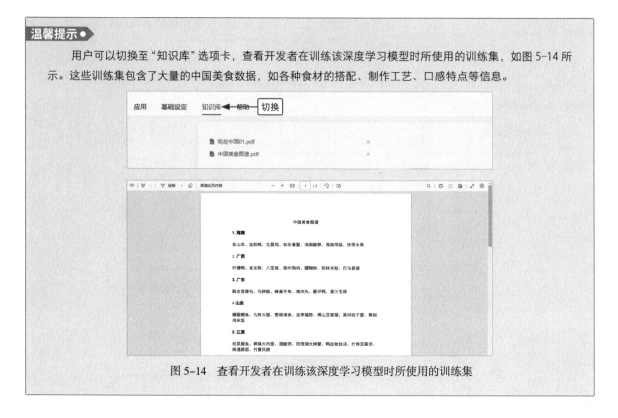

图 5-14　查看开发者在训练该深度学习模型时所使用的训练集

5.2.4　实例 4：使用 AI 充当旅游助手

深度学习模型强大的信息处理能力和个性化推荐功能，可以为用户的旅行计划提供极大的便利。下面介绍使用 AI 充当旅游助手的操作方法。

步骤 01　进入 AI Studio 平台的"应用"页面，在其中选择相应的 AI 应用，如图 5-15 所示。该 AI 应用同样基于 ERNIE 3.5 基础模型进行训练，该基础模型采用了多任务学习的思想，将不同 NLP 任务（如关系分类、属性识别等）在同一个神经网络中共享参数进行训练，从而提高模型的泛化能力。

图5-15　选择相应的AI应用

步骤 02　执行操作后，进入 AI 应用的详情页面，在"新对话"文本框中输入相应的提示词，要求
AI 给出相应的旅行建议，如图 5-16 所示。

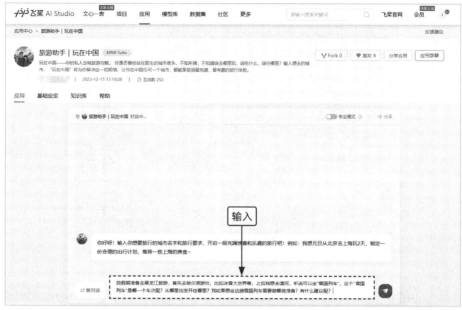

图5-16　输入相应的提示词

步骤 03　按【Enter】键确认，将提示词发送给 AI 应用，AI 应用会根据提示词的要求进行回答，如
图 5-17 所示。

图5-17　AI应用根据提示词的要求进行回答

案例 49　携程旅行发布旅游垂直行业大模型——携程问道

携程旅行发布的旅游垂直行业大模型——携程问道，主打成为旅客们的"智能导游"，使
"AI+ 旅游"的新型旅行规划模式成为现实。携程问道大模型基于深度学习技术，通过对海量的旅游数
据进行分析，使大模型能够理解用户的旅行需求，为他们提供个性化的行程建议，如图 5-18 所示。

图5-18　携程问道大模型应用示例

与传统旅行规划相比，携程问道作为人工智能导游，不仅可以提供基础的行程规划服务，还能根据用户的兴趣和需求，推荐合适的景点、餐厅和娱乐活动。它就像一个了解用户的专属旅行顾问，让每一次旅行都更加贴心、更加精彩。

5.2.5　实例 5：使用 AI 识别中文表格

手动识别和整理表格不仅耗时耗力，还容易出错，使用 AI 识别中文表格可以避免这些问题，提高工作效率。下面介绍使用 AI 识别中文表格的操作方法。

步骤 01　进入 AI Studio 平台的"应用"页面，在其中选择相应的 AI 应用，如图 5-19 所示。该 AI 应用基于轻量级表格识别模型 SLANet 进行训练，可以广泛应用于医疗、金融等多种场景下的表格结构识别。

图5-19　选择相应的AI应用

温馨提示 ●

SLANet是一个表格识别模型，采用PP-LCNet（CPU友好型轻量级骨干网络）、CSP-PAN（轻量级高低层特征融合模块）和SLAHead（结构与位置信息对齐的特征解码模块）等算法，能够对文档中出现的表格区域进行结构化识别。

步骤 02 执行操作后，进入 AI 应用的详情页面，在"待测试图片"选项区中上传一张表格图片，如图 5-20 所示。

图5-20 上传一张表格图片

步骤 03 在页面下方，单击"提交"按钮，AI 应用即可自动识别表格结构和内容，并转换为电子表格，如图 5-21 所示。用户可以单击 Download，下载转换后的表格文件。

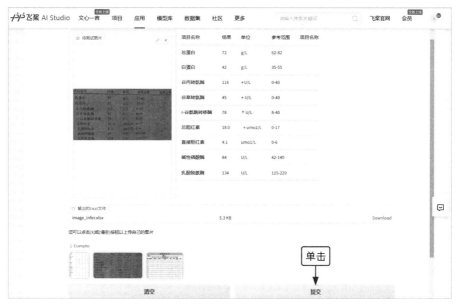

图5-21 AI应用自动识别表格结构和内容

案例 **50** 金鸣识别将图片转换为各种文档

金鸣识别是一款利用深度学习算法开发的 OCR 工具，如图 5-22 所示。它能够精准地识别图片中的文字和表格。金鸣识别独特的前置表格线识别技术，使得表格识别效果极佳，且可以完美还原表格排版。无论是常见的 JPG/PNG 格式的图片，还是大图片、长窄图及 TIF 等特殊格式的图片，甚至连 PPT 和 Word 中的图片，金鸣识别都能轻松应对。

图5-22　金鸣识别OCR工具

金鸣识别采用先进的边缘检测技术，结合形态学处理、轮廓检测和透视变换等多种方法，能够精准地识别图片中的表格结构。这种方法通过筛选符合表格形状的轮廓，进行透视变换和单元格分割，并最终进行 OCR 识别，确保了表格识别的准确性和完整性。

5.2.6　实例 6：使用 AI 识别车牌

传统的车牌识别方法通常需要人工操作，效率低下且容易出错。然而，随着人工智能技术的不断发展，使用 AI 识别车牌已经成为现实，对于维护交通安全和打击违法行为具有重要意义。下面介绍使用 AI 识别车牌的操作方法。

步骤 **01**　进入 AI Studio 平台的"应用"页面，在其中选择相应的 AI 应用，如图 5-23 所示。该 AI 应用是基于 PP-OCRv4 训练的一个高精度车牌识别模型，端到端 f-measure 可达 93.79%。

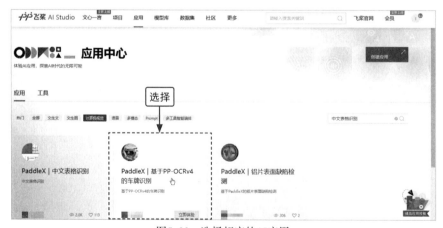

图5-23　选择相应的AI应用

温馨提示 ●

　　PP-OCRv4 由文本检测模型和文本识别模型串联完成，先输入待检测图片，经过文本检测模型获取全部的检测框；然后根据检测框坐标在原图中抠出文本行，并进行矫正；最后将全部文本行送入文本识别模型，得到文本结果。"端到端"指的是该模型从输入到输出都是自动完成的，不需要人为干预。f-measure 是一个评估模型性能的指标，其值为 93.79% 表示该模型在车牌识别任务上具有很高的准确率。

步骤 02　执行操作后，进入 AI 应用的详情页面，在"待测试图片"选项区中上传一张带车牌的图片，
　　　　　如图 5-24 所示。

图5-24　上传一张带车牌的图片

步骤 03　在页面下方，单击"提交"按钮，AI 应用即可自动识别图中的车牌（注意，该车牌是虚拟的，
　　　　　用户可以使用真实车牌自行尝试），如图 5-25 所示。

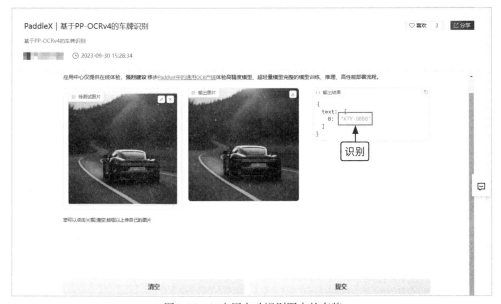

图5-25　AI应用自动识别图中的车牌

利用 AI 车牌识别技术打造自动化的智能停车场

利用 AI 技术打造的车牌识别系统，是实现自动化智能停车场的关键，如图 5-26 所示。通过快速准确地识别进出车辆的车牌，智能停车场能够提高安保能力，减少非法停车和盗刷风险。同时，自动计费功能提高了运营效率，减少了人工收费的误差和纠纷。此外，通过与其他智能系统的集成，提供了更全面的停车场管理数据，而结合移动支付和电子发票等功能则提升了车主的停车体验。

图5-26　自动化智能停车场

5.2.7　实例 7：使用 AI 总结网页内容

在信息爆炸的时代，快速获取和整理网页内容变得至关重要。传统的网页内容总结方式往往费时费力，而且容易遗漏重要信息。如今，利用 AI 技术可以自动总结网页内容，帮助用户快速获取所需信息，提高工作效率。下面介绍使用 AI 总结网页内容的操作方法。

步骤 01 进入 AI Studio 平台的"应用"页面，在其中选择相应的 AI 应用，如图 5-27 所示。该 AI 应用不仅可以回答用户的各种问题，还能够识别百度的网页内容。

图5-27　选择相应的AI应用

步骤 02 执行操作后，进入 AI 应用的详情页面，在 "新对话" 文本框中输入相应的网址，如图 5-28 所示。

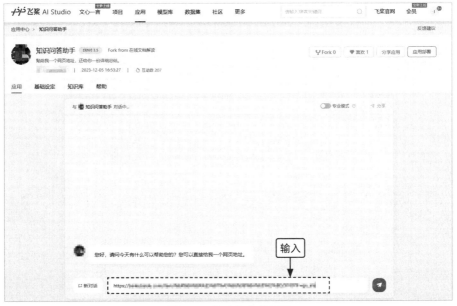

图5-28 输入相应的网址

步骤 03 按【Enter】键确认，将网址发送给 AI 应用，AI 应用会自动总结网址中的页面内容，如图 5-29 所示。

图5-29 AI应用自动总结网址中的页面内容

5.2.8 实例 8：使用 AI 进行语音聊天

通过训练 AI 模型进行语音聊天，不仅能够提高人机交互的效率和体验，还能够拓展出更多智能化的服务。下面介绍使用 AI 进行语音聊天的操作方法。

步骤 **01** 进入 AI Studio 平台的"应用"页面，在其中选择相应的 AI 应用，如图 5-30 所示。该 AI 应用调用了文心一言大模型的语音对话功能，能够使用语音回答用户的问题。

图5-30 选择相应的AI应用

温馨提示 ●

文心一言大模型具有优秀的语音识别能力，能够准确地识别用户的语音，并将其转化为文字进行后续处理。同时，文心一言大模型还支持语音合成功能，可以将文字内容转化为自然流畅的语音输出，为用户提供更加便捷的交互方式。

步骤 **02** 执行操作后，进入 AI 应用的详情页面，在"在此处填写你想对我说的话"下方的文本框中输入相应的提示词，如图 5-31 所示。

图5-31 输入相应的提示词

步骤 **03** 单击"发送"按钮，将提示词发送给 AI 应用，AI 应用在输出文字回答的同时，还会通过语音来进行同步回答，如图 5-32 所示。

图5-32　AI应用通过语音进行回答

案例 52　文心一言 App 可与 AI 进行连续语音对话

在文心一言 App 上，用户可以通过语音与 AI 进行对话，获得即时的信息、答案和建议，无须等待或浏览大量文档。这种对话方式不仅提高了沟通效率，还为用户提供了与人工智能合作的机会，以解决各种问题和任务。

在文心一言 App 的"连续语音对话"模式下，用户可以随时说出自己的问题或需求，AI 将自动识别并给予相应的回答或反馈，如图 5-33 所示。这种连续的 AI 语音交流方式，为用户带来了更加智能化的交互体验。

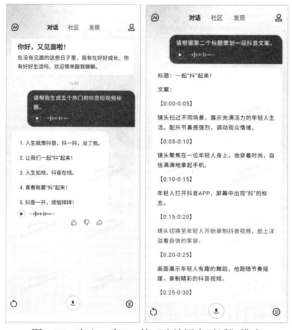

图5-33　文心一言App的"连续语音对话"模式

此外，文心一言 App 的语音识别技术也得到了优化和提升，使连续语音对话的准确率得到了显著提高。即使在复杂的语言环境和多种口音的场景下，文心一言大模型也能够准确地识别用户的语音，确保了连续语音对话的顺畅进行。

本章小结

本章主要介绍了深度学习算法的基本概念、与机器学习的区别、工作原理以及 8 个应用场景的实例。其中 8 个实例具体包括使用 AI 生成绘画作品、翻译方言、推荐美食、充当旅游助手、识别中文表格、识别车牌、总结网页内容和进行语音聊天等。这些实例展示了深度学习算法的强大功能和广泛的应用前景，为读者学习 AI 训练提供了宝贵的实践经验和启示。

课后习题

鉴于本章知识的重要性，为了帮助读者更好地掌握所学知识，下面将通过课后习题帮助读者进行简单的知识回顾和补充。

1. 使用AI生成室内设计图，效果如图5-34所示。

2. 使用AI生成风景照片，效果如图5-35所示。

图5-34　室内设计图效果

图5-35　风景照片效果

第 6 章
自然语言处理
——让 AI 能够与人类对话

在当今的数字化时代，人们越来越期望与计算机和其他智能设备进行更加自然和流畅的交互。为了实现这一目标，自然语言处理技术应运而生，它是人工智能的一个重要分支，致力于使计算机能够与人类对话。作为 AI 训练师，需要深入了解和应用自然语言处理技术，挖掘文本数据的价值，提升机器对人类语言的认知能力。

6.1 认识自然语言处理

自然语言处理（NLP）是 AI 训练中的关键领域之一，NLP 的主要目标是使计算机能够理解、处理、生成和模拟人类语言，从而实现与人类进行自然对话的能力。

在 AI 训练中，NLP 的意义在于为 AI 系统提供处理和理解自然语言的能力。通过 NLP 技术，AI 系统可以解析和理解人类的语言输入，包括文本、语音和对话等。这使得 AI 系统能够与人类进行更加自然和智能的交互，如回答问题、提供信息、进行对话等。本节主要介绍自然语言处理的基础知识，帮助读者了解自然语言处理的概念、原理和任务等。

6.1.1 概念解读：什么是自然语言处理？

自然语言处理是计算机科学和人工智能领域的一个分支，是人工智能中负责理解和处理人类语言的领域。NLP 处于人工智能、计算机科学和语言学的交叉领域，旨在赋予计算机理解和使用人类语言的能力，进而完成各种任务，它们之间的关系如图 6-1 所示。

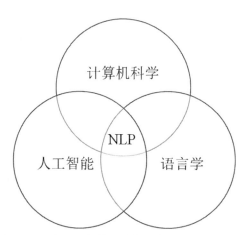

图6-1　NLP与人工智能、计算机科学、语言学的关系

自然语言处理的发展得益于计算机技术的进步和大量的文本数据可供训练和学习。通过使用深度学习模型和神经网络，NLP 取得了显著的进展，能够处理更加复杂的自然语言任务。自然语言处理的应用非常广泛，包括智能客服、语音助手、机器翻译、文本自动生成、社交媒体分析等。同时，NLP 在提升人机交互效率、自动化处理文本信息等方面具有重要的作用。

随着深度学习技术的发展，人工神经网络和其他机器学习方法在 NLP 领域取得了重要的进展。NLP 未来的发展方向包括更深入的语义理解、更好的对话系统、更广泛的跨语言处理和更强大的迁移学习技术，这些发展将进一步提升 AI 系统在自然语言处理方面的能力，使其更加智能和灵活地与人类进行交互。

6.1.2　底层原理：语言学与计算机科学的交汇

自然语言处理的底层原理是一个跨学科的领域，涉及语言学、计算机科学和统计学等多个学科的知识。NLP 不仅需要对语言的结构、语义、语法和语用等方面进行深入研究，还需要利用大规模语料库进行统计分析，建立各种模型，具体原理包括以下 3 个部分。

1．语言模型

在实现自然语言处理的过程中，需要对语言进行多层次的处理，因此构建语言模型是至关重要的一步。语言模型用于计算给定文本序列的概率，它可以基于规则、统计或深度学习等方法来构建。

在语言模型中，通常使用概率模型来表示文本的生成概率，这些模型包括 N-gram 模型、隐马尔可夫模型和条件随机场等，这些模型可以帮助我们理解文本的内在结构和语义信息，相关介绍如下。

❶ N-gram 是一种基于统计的语言模型，用于预测给定前 N-1 个词后下一个词的概率，它假设当前词的出现只与前面的 N-1 个词相关，而与其他任何词都不相关。N-gram 模型常用的是二元（Bi-gram）和三元（Tri-gram）模型，其中二元模型考虑两个连续词的搭配，三元模型则考虑三个连续词的搭配。

❷ 隐马尔可夫模型（Hidden Markov Model，HMM）是一种统计模型，用于描述一个含有隐含未知参数的马尔可夫过程。在自然语言处理中，HMM 常用于标注或分析序列资料，如语音识别、词性标注和命名实体识别等任务。HMM 的难点是从可观察的参数中确定该过程的隐含参数，然后利用这些参数作进一步的分析。

❸ 条件随机场（Conditional Random Field，CRF）是一种鉴别式概率模型，也是一种无向图模型，常用于标注或分析序列资料。CRF 在分词、词性标注和命名实体识别等序列标注任务中取得了很好的效果。

2．词向量表示和语义分析

词向量表示是将自然语言文本转换为计算机可以处理的向量形式，通过将词或短语表示为向量，计算机可以更好地理解和处理自然语言。词向量表示方法有很多种，如 Word2Vec、GloVe 和 FastText 等，这些方法可以将词或短语表示为高维向量，并捕获词之间的语义和语法关系，相关介绍如下。

❶ Word2Vec 是 Google 在 2013 年开源的一种将词表征为实数值向量的高效工具，包含 CBOW（Continuous Bag-of-Words）和 Skip-gram 两种模型。通过对模型进行训练，Word2Vec 可以把对文本内容的处理简化为 K 维向量空间中的向量运算，而向量空间上的相似度可以用来表示文本语义上的相似度。因此，Word2Vec 输出的词向量可以用来做很多 NLP 相关的工作，比如聚类、找同义词、词性分析等。

❷ GloVe 是一种广泛使用的词向量生成方法，其全称为 Global Vectors for Word Representation（用于单词表示的全局向量）。GloVe 基于通用语料训练，因此适合通用语言的自然处理任务。与 Word2Vec 不同，GloVe 通过统计方式提取共现矩阵（一种用于表示词语之间共同出现关系的矩阵）来学习词语的表征。

❸ FastText 是基于词向量的文本分类模型，它采用了基于字符级别的 N-gram 特征表示文本中的词，从而避免了传统的词袋模型（一种在自然语言处理和信息检索领域中常用的表达模型）需要考虑所有可能的词序列的问题。在 FastText 的训练过程中，每个词都会被表示成一个定长的向量，然后将这些向量组合成文本的向量表示，最后使用 softmax 函数进行分类。

3．深度学习算法

深度学习算法在自然语言处理中发挥着越来越重要的作用，通过训练大量的数据，深度学习算法可以自动提取文本的特征，并提高自然语言处理的准确性，能够帮助用户更好地理解文本的语义和上下文信息，从而更好地处理自然语言。

6.1.3　自然语言处理的两种途径：传统与深度

自然语言处理是一个非常复杂的研究领域，需要不同的方法和技术来处理大量的文本数据。下面重点分析自然语言处理的两种途径：传统与深度。

1．基于传统机器学习途径的NLP

传统的机器学习方法在进行 NLP 任务时，通常需要经过以下步骤。

❶ 对文本进行预处理，包括分词、去停用词、词干提取等操作，这些步骤有助于去除文本中的无关信息，提取出关键的词语或短语。

❷ 使用各种机器学习算法对预处理后的数据进行特征提取和模型训练，这些算法可以根据不同任务的需求来选择，如分类、聚类、情感分析等。

❸ 通过模型评估和调整参数，可以对模型进行优化和改进，以提高处理任务的准确性。

2．基于深度学习途径的NLP

相比之下，深度学习方法在进行 NLP 任务时具有更多的优势。由于深度学习模型能够自动提取文本中的特征，因此可以避免传统机器学习方法中烦琐的特征工程步骤。基于深度学习的方法，利用人工神经网络来学习和处理自然语言，这种技术在近十年里取得了显著进步，诞生了卷积神经网络、递归神经网络（这些神经网络在后面的章节中会具体介绍，此处不再赘述）和 Transformer 等模型。

案例 53　使用深度学习模型处理 NLP 来实现情感分析任务

下面是一个 Python 代码示例，该示例采用了 TensorFlow 库，展示了如何使用深度学习模型处理自然语言文本，从而实现情感分析任务（对电影评论进行情感分类）。通过这种方法训练神经网络模型，可以让它学到文本中的特征，并预测出正面或负面的情感倾向。

```python
import tensorflow as tf
from tensorflow.keras.datasets import imdb
from tensorflow.keras.preprocessing.sequence import pad_sequences
from tensorflow.keras.models import Sequential
```

```python
from tensorflow.keras.layers import Embedding, LSTM, Dense

# 设定超参数
vocab_size = 10000
max_length = 256
embedding_dim = 16
num_classes = 2
num_epochs = 10
batch_size = 128

# 加载数据集
(x_train, y_train), (x_test, y_test) = imdb.load_data(num_words=vocab_size)

# 数据预处理
x_train = pad_sequences(x_train, maxlen=max_length)
x_test = pad_sequences(x_test, maxlen=max_length)
y_train = tf.keras.utils.to_categorical(y_train, num_classes)
y_test = tf.keras.utils.to_categorical(y_test, num_classes)

# 构建模型
model = Sequential()
model.add(Embedding(vocab_size, embedding_dim, input_length=max_length))
model.add(LSTM(64, dropout=0.5, recurrent_dropout=0.5))
model.add(Dense(num_classes, activation='softmax'))

# 编译模型
model.compile(optimizer='adam', loss='categorical_crossentropy',
metrics=['accuracy'])

# 训练模型
model.fit(x_train, y_train, batch_size=batch_size, epochs=num_epochs,
validation_data=(x_test, y_test))

# 测试模型
test_text = ["I love this movie!"]
test_text = pad_sequences([tf.strings.unicode_encode(text) for text in test_
text], maxlen=max_length)
predictions = model.predict(test_text)
print("Prediction:", predictions)
```

温馨提示●

上述 Python 代码示例的主要执行步骤说明如下。

① 加载数据集：从 imdb 数据集中加载训练和测试数据，每个数据点都是一个文本评论，并且有一个与之关联的标签，表示该评论是正面还是负面的。

② 数据预处理：对文本数据进行预处理，将每个评论转换为数字序列。这是通过使用词嵌入（Word Embedding）来实现的，其中每个单词都表示为一个固定大小的向量。此外，如果评论长度超过最大长度（这里是 256），则会被截断或填充至该长度。

③ 构建模型：构建一个深度学习模型，该模型先使用词嵌入层将文本转换为固定大小的向量，然后使用 LSTM 层处理这些序列，最后使用全连接层进行分类。LSTM（长短期记忆）是一种特殊的递归神经网络。

④ 编译与训练模型：模型先使用 Adam 优化器（一种一阶优化算法，可以用于更新神经网络权重）和分类交叉熵损失进行编译，然后使用训练数据进行训练，并在验证数据上评估其性能。分类交叉熵损失是一种衡量模型预测结果与实际结果之间差距的损失函数，通常用于处理分类问题。

⑤ 测试模型：代码的最后使用了一个测试评论——"I love this movie!"（我喜欢这部电影！）来评估模型的预测能力，它将这个评论转换为数字序列，然后使用模型进行预测，并输出预测结果。

6.1.4 自然语言处理的两大核心任务：理解与生成

自然语言处理作为人工智能领域的重要组成部分，主要关注如何让计算机理解和生成人类语言，它包括两个核心任务：自然语言理解和自然语言生成。

1. 自然语言理解

自然语言理解（Natural Language Understanding，NLU）是指计算机系统对自然语言文本进行分析、理解和推理的过程。NLU 技术包括词法分析、句法分析、语义分析和语用分析等方面，旨在使计算机能够理解自然语言文本的含义和意图，它是实现智能对话、文本分类、信息抽取等 AI 应用的基础。

从微观角度来看，自然语言理解是指从自然语言到机器内部的一个映射；从宏观角度来看，自然语言理解是指机器能够执行人类所期望的某种语言功能，这些功能主要包括回答问题、文摘生成、释义、翻译等方面。

例如，在智能客服领域中，NLU 可以帮助计算机理解用户的提问，从而提供准确的回答；在智能推荐领域中，NLU 可以让计算机理解用户的需求和兴趣，从而推荐个性化的内容；在翻译领域中，NLU 可以让计算机理解和转换不同语言的文本。

2. 自然语言生成

自然语言生成（Natural Language Generation，NLG）则是让计算机能够生成人类可读的语言，这个任务包括将计算机内部的信息或数据转换成人类可读的文本，以及生成符合语法和语义规则的自然语言文本。

案例 54 基于自然语言处理的智能问答系统——小米小爱同学

小米旗下的人工智能助手——小爱同学，就是一种基于自然语言理解的智能问答系统，它能够通过分析用户的问题，在内部知识库中寻找最合适的答案，并返回给用户，如图 6-2 所示。

图6-2　小爱同学的使用场景示例

　　智能问答系统通常包括自然语言处理、信息检索和自然语言生成等技术：首先，通过自然语言理解技术，对用户的问题进行分词、词性标注、句法分析等操作，理解用户的意图和问题中的关键信息；其次，通过信息检索技术，在内部知识库中查找与用户问题相关的信息，这通常涉及文本匹配和排序算法的应用；最后，通过自然语言生成技术，将找到的答案进行整理和格式化，以自然语言的形式返回给用户。

6.1.5　语料预处理的 6 个关键步骤

　　语料预处理是自然语言处理的基石，其意义在于数据清洗、统一格式、减少噪声、提高效率、增强泛化能力和为后续分析打下基础。通过预处理，可以确保模型训练不受干扰，提高模型的准确性和效率，并为后续的文本挖掘、情感分析、主题建模等任务提供可靠的基础。下面介绍语料预处理的 6 个关键步骤。

　　❶ 分词（Tokenization）：是 NLP 预处理的第一步，它的目的是将连续的文本分解成单独的词语或符号。分词的准确度对于后续的 NLP 任务有很大的影响，因为机器无法理解连续的文本，而需要将这些文本分解成单独的元素以便进行分析。

案例 55　使用 HanLP 进行中文分词处理

　　HanLP 是一款强大的自然语言处理工具包，它提供中文分词、词性标注、命名实体识别等丰富的功能。用户只需在 HanLP 图形界面的文本框中输入相应的中文文本，并选择相应的分词处理方式，如 CTB（中文树库），单击"分析"按钮，即可显示相应的分析结果，如图 6-3 所示。

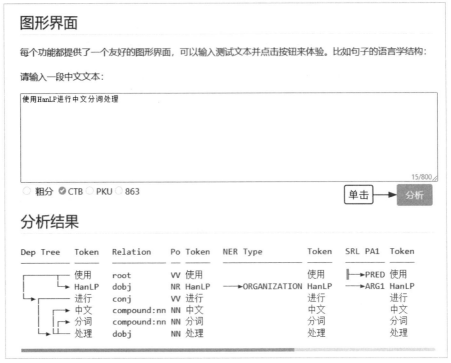

图6-3　使用HanLP进行中文分词处理

❷ **词干提取（Stemming）**：一种简化词汇形式的方法，它通过去除单词的结尾和中间的音节来获取单词的基本形式。例如，running 和 run 实际上是同一个词的不同形式。通过提取词干，可以标准化不同形式的同义词，从而提高 NLP 任务的准确度。

❸ **词形还原（Lemmatization）**：词形还原与词干提取类似，但更注重于将单词还原为其原始形式。例如，将 running 还原为 run。词形还原通常更精确，但在某些情况（如处理大量文本数据）下，词干提取可能更适合。

❹ **词性标注（Parts-of-Speech Tagging）**：是给文本中的每个单词分配一个或多个词性标签的过程。例如，run 可以是动词、名词或形容词。词性标注有助于理解单词在句子中的功能和意义，对于情感分析、句法分析等任务非常有用。

❺ **命名实体识别（Named Entity Recognition，NER）**：是从文本中识别出具有特定意义的实体（如人名、地名、组织名等）的过程。NER 是信息抽取的一个重要组成部分，对于理解文本中的具体实体和关系至关重要。

❻ **分块（Chunking）**：是将句子分解成更小的有意义的部分（如名词短语、动词短语等）的过程。分块有助于 AI 理解句子的结构和意义，并为后续的句法分析等任务打好基础。

6.2　5类场景，精通自然语言处理的应用

随着人工智能技术的快速发展，自然语言处理作为其重要分支，已经在各个领域展现出巨大的应用潜力。NLP 在 AI 训练中的主要应用场景包括情感分析、聊天机器人、语音识别、机器翻译、自动摘要等，

通过对这些应用场景的深入研究，读者可以更好地理解自然语言处理如何改变我们的生活和工作方式，并为 AI 训练提供更多的创新应用思路。

6.2.1 情感分析：理解文本中的情感倾向

情感分析也称情感计算，是利用自然语言处理技术对文本进行情感极性分类或标注，以判断其中所表达的情感是积极、中性还是消极的。情感分析在市场分析和客户服务等领域有广泛的应用，如企业可以通过分析用户评论或反馈来了解消费者对其产品的态度和情感倾向，从而改进产品或服务。

案例 56 **百度大脑情感倾向分析让舆论分析更直观**

百度大脑情感倾向分析接口是一个基于人工智能和自然语言处理技术的文本情感分析工具，它可以对文本进行情感倾向判断，并给出相应的置信度。百度大脑情感倾向分析接口可以对只包含单一主体主观信息的文本进行自动情感倾向性判断，包括正面、负面或中性情感，如图 6-4 所示。

图6-4　使用百度大脑情感倾向分析接口进行自动情感倾向性判断的示例

> **温馨提示 ●**
>
> 　　置信度是指对某个事物或观点的信任程度或可信程度。在自然语言处理领域，置信度通常用于评估机器翻译、语音识别、情感分析等任务的结果的可信度或准确性。

百度大脑情感倾向分析接口提供了一种简单易用的方式来分析文本的情感倾向，为口碑分析、话题监控、舆情分析等应用提供基础技术支持。通过使用该接口，用户可以快速了解文本所表达的情感倾向，并做出相应的分析和决策。

6.2.2 聊天机器人：模拟人类对话的智能助手

聊天机器人是一种基于自然语言处理的自动化问答系统，可以通过自然语言对话的形式与用户进行交互。聊天机器人可以根据预设的规则和算法自动回复用户的问题和需求，提供便捷的客户服务。随着人工智能技术的不断发展，聊天机器人在企业服务、社交媒体和虚拟助手等领域的应用越来越广泛。

字节跳动基于云雀大模型开发的 AI 工具——豆包

字节跳动基于云雀大模型开发的 AI 工具——豆包，提供了聊天机器人、写作助手及图片生成等功能，如图 6-5 所示。豆包具备多语种、多功能的 AIGC（Artificial Intelligence Generated Content，人工智能生成内容）服务，包括但不限于问答、智能创作、聊天等，它支持语言大模型及其他模型的接入，为语言理解提供了强大的算力支撑。

图6-5　字节跳动基于云雀大模型开发的AI工具——豆包

> **温馨提示** ●
>
> AIGC 可以生成文本、图像、音频和视频等各种类型的内容。在广义上，AIGC 可以看作像人类一样具备生成创造能力的 AI 技术，因此被称为生成式 AI。从计算智能、感知智能再到认知智能的进阶发展来看，AIGC 已经为人类社会打开了认知智能的大门。

用户可以通过与数字人豆包对话，让它生成歌词、小说、文案等文本内容，也可以通过智能分析获得对问题的深入理解。豆包可以通过学习大量的语料库来提升自己的语言能力，从而更好地与用户进行交流。豆包还可以根据不同的场景和需求，使用不同的语言风格和表达方式，以适应不同的用户群体和对话主题。

豆包的应用场景非常广泛，可以用于社交媒体、智能家居、电子商务等领域。通过与用户进行智能对话，豆包可以帮助用户解决问题、获取信息及进行娱乐等，从而提升用户体验和满意度。

6.2.3　语音识别：将声音转化为文字的科技奇迹

语音识别是指将人类语音转换成文本或命令的技术。通过语音识别技术，人们可以更加方便地与计算机进行交互，而无须手动输入文本。语音识别在智能家居、车载系统、手机 App 等领域有广泛的应用，使得用户可以通过语音指令控制设备或执行任务。

案例 58 通义听悟帮你打破语言障碍，释放无限可能

通义听悟是由阿里云推出的一款实时语音转文字工具，支持中文、英语、日语及中英文自由说等多种语言，无论是会议、课程、访谈还是培训等应用场景，它都能轻松应对。通过通义听悟的实时语音转文字功能，用户可以释放双手，专注于工作和学习，提高效率，如图 6-6 所示。

图6-6　通义听悟的实时语音转文字功能

通义听悟的实时翻译功能可以帮助用户打破语言障碍，如图 6-7 所示，让跨语言沟通变得流畅自如。另外，通义听悟还具备智能总结功能，能够快速提炼会议或课程的核心内容。

图6-7　通义听悟的实时翻译功能

6.2.4　机器翻译：无界沟通

机器翻译是指利用计算机自动将一种语言的文本转换为另一种语言的文本。随着全球化的加速发展和多语言交流场景的增多，机器翻译在商务、旅游、文化和国际交流等领域的应用越来越广泛。现代机器翻译系统通常基于深度学习技术来实现，能够提供准确、流畅的译文，极大地促进了跨语言沟通和交流。

案例 59 基于连续语义增强的机器翻译模型——CSANMT

CSANMT 是一个由编码器、解码器和语义编码器构成的神经机器翻译模型，它基于连续语义增强技术，并且可以与离散式数据增强方法（如 back-translation）结合使用，适用于数据规模达到百万级以上的翻译语向，测试效果如图 6-8 所示。

图6-8　CSANMT的测试效果

CSANMT 的语义编码器以大规模多语言预训练模型为基础，通过自适应对比学习，构建了一个跨语言的连续语义表征空间。为了提高采样效率，CSANMT 设计了混合高斯循环采样策略，该策略融合了拒绝采样机制和马尔可夫链，同时考虑了自然语言句子在离散空间中的分布特性。此外，CSANMT 还结合了邻域风险最小化策略，以优化翻译模型的数据利用效率，从而显著提高模型的泛化能力和鲁棒性。

温馨提示 ●

上述案例中的相关专业词汇解释如下。

① 翻译语向：指翻译的方向，即从一种语言翻译到另一种语言的方向。例如，英语到中文、法语到德语等都是不同的翻译语向。

② 连续语义表征空间：这是一个用于表示语义信息的连续空间，其中每个点都对应一种语义。与传统的离散表示方法相比，连续语义表征空间能够更好地捕捉语义的细微差别和连续性特征。

③ 混合高斯循环采样策略：这是一种用于神经机器翻译的采样策略，旨在提高翻译模型的训练效率和效果。具体来说，该策略采用循环神经网络来生成目标语言的翻译序列，并使用混合高斯分布来采样目标语言句子中的单词。

④ 拒绝采样机制：这是一种采样策略，用于在数据集中选择具有代表性的样本，同时排除那些不具有代表性的样本。拒绝采样机制可以减少数据集的容量，从而加快训练速度并提高模型的泛化能力。

⑤ 马尔可夫链：这是一种数学模型，用于描述一个随机过程，其中下一个状态只依赖于当前状态。马尔可夫链在许多领域都有应用，包括自然语言处理中的文本生成和机器翻译。

⑥ 离散空间：这是一个数学概念，表示一个由离散的、不连续的点组成的集合。在自然语言处理中，离散空间通常用于表示文本中的单词或符号。

⑦ 邻域风险最小化策略：这是一种优化策略，旨在将模型在训练数据邻域内的风险降到最小化。通过关注训练数据附近的区域，邻域风险最小化策略可以帮助模型更好地泛化到新的、未见过的数据中。

⑧ 鲁棒性：是指一个模型在面对噪声、异常值或其他不确定性因素时的健壮性。一个具有良好鲁棒性的模型，在面对一些异常情况时仍能保持其预测或分类的准确性。

6.2.5 自动摘要：快速理解与提炼文本内容的利器

自动摘要是指利用自然语言处理技术，自动从给定的文本中提取主题和关键信息，生成简洁、精练的摘要。这一技术主要基于自然语言处理和人工智能领域的发展，通过算法和模型的训练，实现对文本内容的自动化分析和提炼。

自动摘要主要基于以下几种技术：文本理解、信息抽取和文本生成。

❶ 在文本理解方面，通过对文本的内容进行分析，包括词汇、语法、语义等方面，以便深入理解文本的含义。

❷ 在信息抽取方面，从文本中提取出关键信息，如主题、人物、事件等，为生成摘要做准备。

❸ 在文本生成方面，根据提取出的关键信息和文本的含义来生成摘要。

自动摘要在许多领域都有应用。例如，在新闻报道中，自动摘要技术可以帮助读者快速了解文章的主要内容，从而节省阅读时间；在学术论文领域中，自动摘要技术可以帮助研究人员快速了解相关论文的核心观点和研究成果；此外，在政府工作报告、商业报告等领域中，自动摘要技术也具有广泛的应用前景。

通过自动摘要技术，人们可以更加高效地获取关键信息，从而更好地应对信息过载的问题。此外，自动摘要技术还可以提高人们的阅读效率，使人们能够更快地了解文本的主题和重点内容。总之，自动摘要技术为人们提供了便捷、高效的信息获取方式，使人们能够更好地管理和利用时间资源。

案例 60 使用文心一言中的览卷文档插件自动提取摘要

文心一言中的览卷文档（原名为 ChatFile）插件，可基于用户上传的文档完成摘要、问答、创作等任务，相关示例如图 6-9 所示。注意，览卷文档插件仅支持 10MB 以内的文档，不支持扫描件，用户可以上传 .doc、.docx、.pdf 等格式的文件。

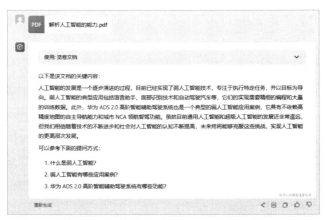

图6-9 使用览卷文档插件自动提取PDF文档摘要内容的示例

6.3 AI训练师实战：5个步骤，训练Embedding语言模型

Embedding，中文名为嵌入，它是自然语言处理中的一种常用模型，能够将文本中的单词或其他文本单位映射到连续向量空间中的表示方法。简单来说，Embedding 就是一种映射变换，即将一个数字映射成一组向量。通过将文本数据转换为固定大小的向量，Embedding 模型使得计算机能够更好地理解和处理自然语言。

例如，Embedding 模型可以通过学习文本和图像之间的共现关系，让 AI 绘画工具在生成图像时考虑到文本的描述，从而提高生成图像的准确性和相关性。本节将以热门 AI 绘画生成工具 Stable Diffusion 为例，介绍训练 AI 绘画类 Embedding 模型的操作方法。

6.3.1 认识模型：Embedding 模型训练概述

Embedding，即将高维数据映射到低维空间的过程，在机器学习和自然语言处理中占据重要地位，其实质是用实值向量表示数据，这些向量能在连续数值空间中表示语义。

要理解 Embedding，需要先了解自然语言处理中的词元、向量等基础概念。自然语言处理是对语言文字的分析处理，神经网络是一种复杂函数，处理对象是数字，不能直接处理文字，所以需要对语言文字进行"数字化"处理。

将数据集处理成神经网络可理解的形式，首先要进行词元化操作，词元是样本集中最小的数据单元。词元化操作有很多种方式，如将单词作为最小单元，即每个最小单词为一个词元。为了将样本数据集数字化，需要将词元映射成数字，以便神经网络能够理解。以词元出现的次数为依据进行排序，将一个个词元映射成一个个数字。

另外，大部分的 AI 训练师更愿意进行特征提取操作，用更多更具体的信息描述词元，这样模型会更好理解。综上所述，Embedding 是将一个数字映射成一组向量，为之后神经网络模型的运算打下基础。

训练 Embedding 模型，可以使语言模型以紧凑高效的方式对输入文本的上下文信息进行编码。这种技术允许模型利用上下文信息生成更连贯和更恰当的输出文本，即使输入文本被分成多个片段，也不会影响输出文本的准确性。

Embedding 模型训练的主要价值在于其语义表示，可以进行向量运算，且能在多个自然语言处理任务中共享和迁移。此外，预训练 Embedding 并在小型数据集上进行微调，有助于提高语言模型在各种自然语言处理应用程序中的准确性和运行效率。

Embedding 模型训练在大语言模型中的应用日益重要，特别是解决长文本输入问题。通过创建基于文本的向量 Embedding，可以在数据库中存储这些向量，然后使用检索技术找到与问题最相似的文档。将问题和检索得到的 Embedding 一起提供给大语言模型，如 ChatGPT，可以让 AI 回答与长文本相关的问题。

简单来说，我们可以将 Embedding 视为一种预先训练的模型指导，它在模型处理过程中提供操作指示。举个例子，如果 Embedding 中包含了关于"花"的信息，那么模型所生成的图像都将呈现出"花"的特征。

然而，在正常的操作中，只要给定的提示词足够详尽，嵌入式模型的作用就显得不那么重要了。有趣

的是，我们可以尝试"反向"运用它。例如，将"画坏的手"的信息纳入 Embedding 中，并结合使用反向提示词，这样当模型进行处理时，它就能够尽量避免生成 Embedding 中所提示的"画坏的手"这种图像。

> **温馨提示●**
>
> 常见的Embedding模型包括Word Embedding和Character Embedding（字符嵌入）。Word Embedding是将文本中的单词映射为向量，而Character Embedding则是将文本中的字符映射为向量，这些向量通常是通过使用神经网络或其他机器学习算法，从大规模的文本数据中学到的。
>
> 在训练Embedding模型时，通常使用无监督学习方法，如通过预测上下文单词或字符来学习向量表示。模型训练完成后，得到的Embedding向量可以用于各种NLP任务，如通过计算词向量之间的相似度来衡量词汇之间的相似性，或者将词向量作为输入特征用于处理分类或回归任务。

6.3.2　优化参数：对 Stable Diffusion 进行配置

在利用 Stable Diffusion 进行 AI 绘画的过程中，Embedding 模型能够将输入的图像转化为向量表示，这样有助于算法对其进行处理，进而生成新的图像。在开始训练 Embedding 模型前，我们需要进行一些基本的配置，具体操作方法如下。

步骤 01　进入 Stable Diffusion Web UI 的"设置"页面，切换至"训练"选项卡，选中"如果可行，训练时将 VAE 和 CLIP 模型从显存移动到内存，可节省显存"复选框，如图 6-10 所示。单击"保存设置"按钮使其生效。

图6-10　选中"如果可行，训练时将VAE和CLIP模型从显存移动到内存，可节省显存"复选框

> **温馨提示●**
>
> 选中"如果可行，训练时将VAE和CLIP模型从显存移动到内存，可节省显存"复选框，主要作用是节省显存资源，以便用于其他模型的训练或运行。VAE即Variational Autoencoder，变分自编码器；CLIP即Contrastive Language-Image Pre-training，对比语言-图像预训练。

步骤 02 在 Stable Diffusion 根目录下新建一个 train（训练）文件夹，在其中创建 1 个子文件夹，子文件夹的名称建议设置为与嵌入式模型一样，以便于与其他模型区分，如图 6-11 所示。

步骤 03 打开刚创建的子文件夹，在其中创建两个图像文件夹，将名称分别设置为 input（输入）和 output（输出），如图 6-12 所示。

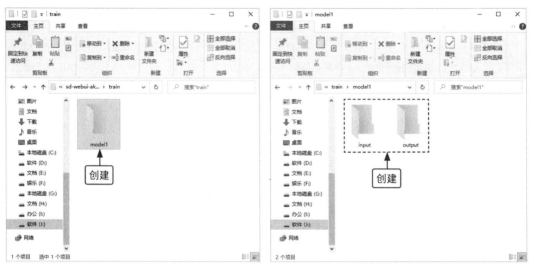

图6-11 创建相应子文件夹　　　　　　　　图6-12 创建两个图像文件夹

步骤 04 打开 input 文件夹，并将需要训练的图片放入该文件夹中，如图 6-13 所示。注意，图片最好预先裁剪为 512px × 512px 的尺寸。

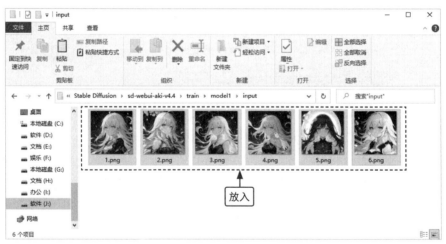

图6-13 将需要训练的图片放入相应文件夹中

6.3.3 数据标注：对图像进行预处理操作

Embedding 模型像是一张便利贴，它本身并没有存储很多信息，而是将所需的元素信息提取出来进行标注。图像预处理可以提高数据标注的准确性和效率，并将图像转化为机器学习算法可以理解和利用的形式。通过预处理操作可以提取图像的特征，为模型提供更有代表性的输入信息，从而提高模型的性能和准确性，具体操作方法如下。

> **温馨提示 ●**
>
> 当训练一个 Embedding 模型时，通过对原始数据进行水平翻转操作，可以生成与原始数据相似但又有所不同的数据。这些水平翻转副本与原始数据一起作为训练数据，可以丰富数据的表示形式，使得模型能够学到更多不同的特征和模式。

步骤 01 在"训练"页面中，切换至"图像预处理"选项卡，在"源目录"文本框中输入 input 文件夹的路径，在"目标目录"文本框中输入 output 文件夹的路径，在页面下方同时选中"创建水平翻转副本"（用于建立镜像副本）和"使用 BLIP 生成标签（自然语言）"复选框，单击"预处理"按钮，如图 6-14 所示。

图6-14　单击"预处理"按钮

> **温馨提示 ●**
>
> BLIP（Bootstrapping Language-Image Pre-training，自助法语言 - 图像预训练）是一种用于自然语言处理和语言推理的模型，它可以生成标签来描述文本中的信息。

步骤 02 执行操作后，显示相应的预处理进度，稍等片刻，当页面右侧显示 Preprocessing finished（预处理完成）的提示信息，说明预处理已经成功了，如图 6-15 所示。

图6-15　成功完成预处理

步骤 03 图像预处理完成后，进入 output 文件夹，即可看到处理结果，包括图片和 caption（包含提示词信息）文档，如图 6-16 所示。

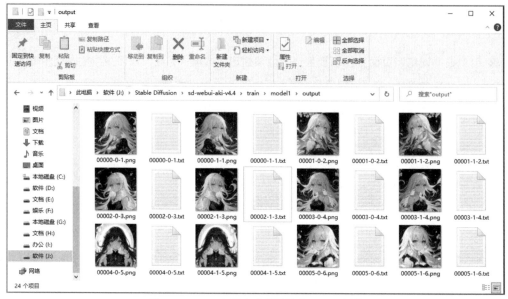

图6-16 output文件夹中的图片和caption文档

6.3.4 创建模型：生成嵌入式 Embedding 模型

嵌入式模型通常指的是将模型嵌入硬件设备或系统中，以实现实时或离线应用。需要注意的是，在模型的优化和集成过程中，可能需要进行多次迭代和调试，以获得最佳的运行性能和应用效果。下面介绍生成嵌入式 Embedding 模型的操作方法。

步骤 01 在"训练"页面中切换至"创建嵌入式模型"选项卡，设置"名称"为 model1，"每个词元的向量数"为 6，如图 6-17 所示。

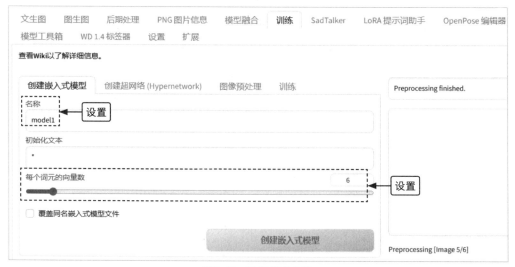

图6-17 设置相应参数

> **温馨提示** ●
>
> 在 Stable Diffusion 中，每个词元（Token）的向量数取决于预训练模型的架构和输入数据的特性。通常情况下，预训练语言模型使用 Transformer 架构，每个词元会被转换为固定长度的向量表示。
>
> 在 Transformer 架构中，每个词元会被分割成一个单词序列，每个单词被表示为一个向量。这些向量通常具有不同的长度，但经过填充操作后，它们会被调整为相同的长度。
>
> 对于输入数据，如文本或图像，每个输入也会被转换为一系列向量。这些向量可以是文本中的词元向量，也可以是图像中的像素向量。另外，对于图像输入，通常会使用卷积神经网络或其他图像处理技术来提取特征向量。

步骤 02 单击"创建嵌入式模型"按钮，页面右侧会显示嵌入式模型的保存路径，表示嵌入式模型创建成功，如图 6-18 所示。

图6-18 嵌入式模型创建成功

6.3.5 训练模型：用 Embedding 打包提示词

在 Stable Diffusion 中，训练模型的过程又被称为"炼丹"，这是因为基于深度学习技术的模型训练过程与"炼丹"有相似之处。完成前面的操作后，即可开始训练 Embedding 模型，将提示词进行打包，形成一个训练数据集，具体操作方法如下。

步骤 01 在"训练"页面中，切换至"训练"选项卡，在"嵌入式模型（Embedding）"列表框中选择前面创建的嵌入式模型（model1），在"数据集目录"文本框中输入 output 文件夹的路径，在"提示词模板"列表框中选择 subject_filewords.txt（包含主题文件和单词的文本文件）选项，相关设置如图 6-19 所示。

步骤 02 在页面下方继续设置"最大步数"为 10000（表示完成这么多步骤后，训练将停止），选中"进行预览时，从文生图选项卡中读取参数（提示词等）"复选框，用于读取文生图中的参数信息，相关设置如图 6-20 所示。

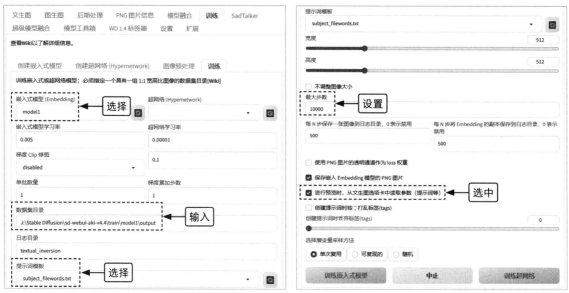

图6-19 设置相应参数　　　　　图6-20 设置最大步数并选中相应复选框

步骤 03 设置完成后，进入"文生图"页面，选择一个合适的大模型，并输入一些简单的提示词，如图 6-21 所示。

图6-21 输入一些简单的提示词

步骤 04 返回"训练"页面，单击底部的"训练嵌入式模型"按钮，如图 6-22 所示，即可开始训练模型，时间会比较长，10000 步左右的训练，通常需要耗时一个半小时左右。

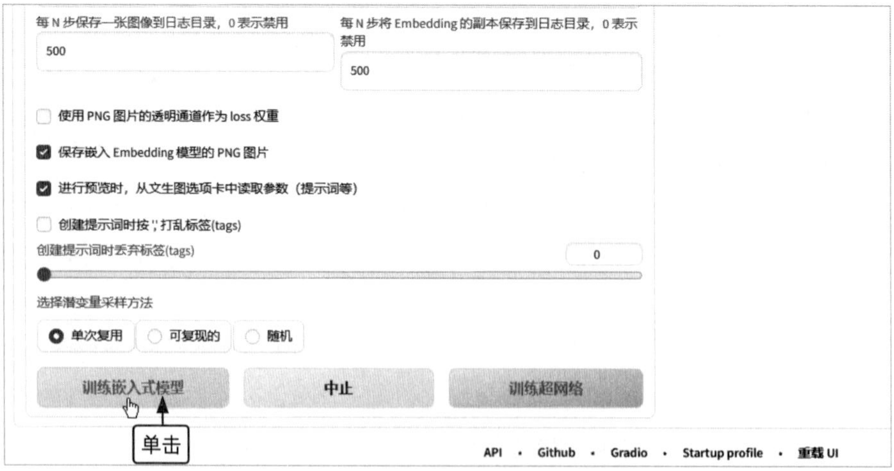

每 N 步保存一张图像到日志目录，0 表示禁用　　　每 N 步将 Embedding 的副本保存到日志目录，0 表示禁用

500　　　　　　　　　　　　　　　　　500

☐ 使用 PNG 图片的透明通道作为 loss 权重

☑ 保存嵌入 Embedding 模型的 PNG 图片

☑ 进行预览时，从文生图选项卡中读取参数（提示词等）

☐ 创建提示词时按";"打乱标签(tags)

创建提示词时丢弃标签(tags)　　　　　　　　　0

选择潜变量采样方法

⦿ 单次复用　　○ 可复现的　　○ 随机

　训练嵌入式模型　　　　中止　　　　训练超网络

单击

API · Github · Gradio · Startup profile · 重载 UI

图6-22 单击"训练嵌入式模型"按钮

步骤 05　训练完成后，可以在扩展模型中切换至"嵌入式（T.I. Embedding）"选项卡，在其中即可
查看训练好的嵌入式模型，如图 6-23 所示。用户在进行文生图或图生图操作时，可以直
接选择该模型进行绘图。

图6-23　查看训练好的嵌入式模型

温馨提示●

需要注意的是，在模型的训练过程中，每隔 500 步，在训练进度下方会显示出训练的模型效果预览图，
如图 6-24 所示。

图6-24　显示出训练的模型效果预览图

如果用户觉得满意，可以单击"中止"按钮来结束训练；如果不满意，可以让训练操作继续执行。通常
需要到 10000 步左右，才可能出现比较不错的出图效果，有些配置低的计算机可能要到 30000 步才行。

本章小结

本章主要介绍了自然语言处理的基础知识、应用场景以及 Embedding 模型的训练方法。通过学习本
章内容，读者可以深入了解自然语言处理的技术原理和应用场景，并掌握 Embedding 模型的基本原理和
训练方法，为今后的学习和实践打下坚实的基础。

课后习题

　　鉴于本章知识的重要性，为了帮助读者更好地掌握所学知识，下面将通过课后习题帮助读者进行简单的知识回顾和补充。

1．什么是自然语言处理？

2．使用Embedding模型优化AI生成的人物角色，效果对比如图6-25所示。

图6-25　效果对比

第 7 章

数据标注
——AI 训练的必要环节

数据标注是对原始数据进行标记、分类或注释，为机器学习算法的学习提供依据，它是 AI 训练的必要环节。没有经过标注的数据，机器学习算法无法从中提取有用的信息，也就无法进行有效的学习。因此，数据标注是人工智能领域中不可或缺的一环，它对于推动人工智能技术的发展和应用具有重要意义。

7.1 认识数据标注

数据标注并非易事，它需要投入大量的人力、物力和时间，同时还需要相关人员具备一定的专业知识和技能。标注数据的准确性、一致性和完整性，会直接影响人工智能模型的性能和可靠性。因此，如何进行高效、准确的数据标注成了人工智能领域面临的重要挑战。本节主要介绍数据标注的基础知识，帮助读者更好地理解这一关键环节在人工智能领域中的作用。

7.1.1 定义与重要性分析：看懂数据标注的内涵

数据标注是针对计算机视觉或自然语言处理技术能够识别的材料内容进行标记的过程。在这个过程中，数据标注人员需要仔细检查各种图像、文本或其他数据，然后为这些内容添加适当的标签或注释，以供后续的算法或编程语言使用。这些标签或注释可以使计算机更好地理解数据，从而更准确地执行任务。

这些做过标注的数据，它们会更容易被算法或编程语言处理，并通过自然语言处理技术进行解释，从而为人工智能模型提供更丰富、准确的信息，使其能够更好地理解和解释高质量图像、视频及文本中的数据。

案例 **61** 数据标注可帮助自动驾驶汽车识别周围的环境

在自动驾驶汽车中，数据标注可以帮助车辆识别行人、其他车辆和障碍物等，从而更安全地行驶，如图 7-1 所示。如果没有数据标注，这些车辆可能无法准确地识别周围的环境，从而导致安全问题。因此，数据标注对确保机器学习项目的成功起着至关重要的作用。

图7-1 数据标注可帮助自动驾驶汽车识别周围的环境

数据标注是人工智能领域中不可或缺的一环，它是通过人工贴标的方式为机器系统提供大量学习的样本，从而让计算机学会理解并具备判断事物的能力。我们可以将数据标注的整个过程想象成一条流水线，包括获取数据、处理数据、机器学习和模型评估 4 个阶段。

❶ 获取数据：有资质的公司通常会自己采集数据，而没有资质的公司则可以找供应商代为采集。采集到的数据需要进行预处理，如切割成单张图片，以便后续的标注工作。

❷ 处理数据：根据数据标注的规则，将图片处理成可被机器学习算法识别的格式。

❸ 机器学习：当数据被标注完成后，便可以让计算机不断地学习数据的特征，最终让它能够自主识别数据，这个过程就是机器学习。

❹ 模型评估：这是一个反复的数据标注和验证过程，每批标注的数据都会投放给机器进行学习，这个过程会用到大量的数据，从而让模型变得更加完善。

7.1.2 数据标注类型：各类标注的区分与应用场景

要构建可靠的人工智能模型，机器学习和深度学习算法都依赖于良好的数据。这些数据不仅需要结构清晰，还需要经过精确的标注，以便为算法提供正确的训练信息。通过数据标注和机器学习，我们可以实现许多对用户体验有重大影响的改进，如语音识别、产品推荐、搜索引擎结果的优化、计算机视觉、聊天机器人等，这些应用涉及各种形式的数据，包括文本、声音、静止图像和动态视频等。

不同类型的数据标注广泛应用于各个领域，从图像标注到文本标注，再到音频标注和视频标注等。下面介绍数据标注的基本类型。

❶ 图像标注：指为图片添加文字描述或标签，以帮助人们更好地理解、识别和分类图像。图像标注涉及物体、场景、活动等多种内容，常用于计算机视觉、图像识别、自然语言处理等领域。

❷ 文本标注：指通过添加标签或元数据来提供关于语言数据的相关信息，可以应用于多种任务，如自然语言处理、信息提取、文本分类、信息检索、机器翻译等。

❸ 情感标注：指依靠高质量的训练数据来准确评估人们的感受、想法和观点。情感标注通常需要判定一句话包含的情感，如最普通的三级情感标注（正面、中性、负面），要求高的会分成六级甚至十二级情感标注。

❹ 意图标注：指对文本中的意图进行标注，如用户查询的意图、机器翻译的意图等。意图标注可以帮助机器更好地理解用户的意图和需求，提高自然语言处理和对话系统的准确性和智能性。

❺ 语义标注：是一种将文本或其他数据与预定义的语义类别或概念相关联的过程，它的目标是为数据添加语义信息，以便计算机可以更好地理解和处理这些数据，并提高计算机在自然语言处理任务中的性能。常见的语义标注任务包括命名实体识别（如人名、地名、组织机构名等）和语义关系标注（如主语、谓语、宾语等）。

❻ 音频标注：涉及对语音数据的处理，包括时间戳（一种记录时间的方式）、转录及语言特征的识别。除了基本的语音转录，还可以识别方言、说话者人口统计数据等特征。音频标注在安全和紧急热线技术应用中也非常重要，如识别玻璃破碎等非语音声音。

❼ **视频标注**：指对视频内容进行标记、注释或描述的过程，以便计算机或其他系统能够理解和处理视频中的信息。视频标注的方法包括边界框（在视频或图像中用于标识特定对象的矩形框）、语义分割（一种将视频帧中的每个像素与特定类别或对象相关联的技术）等，对于定位和对象跟踪等任务至关重要。

案例 62 **数据堂 3D 点云标注工具实现智能化的辅助标注**

数据堂的 3D 点云标注工具在多年的应用过程中积累了丰富的经验，不断发展出多种自动化和智能化的辅助标注方法，使得标注人员能够更快地完成工作任务，相关示例如图 7-2 所示。3D 点云数据标注是对三维物体采集得到的点云数据进行标注，以便于计算机视觉算法的训练和应用。具体来说，它需要对点云数据中的目标进行识别、分类、定位和语义分割等处理，并将标注结果用于后续的机器学习或深度学习等模型训练任务中。

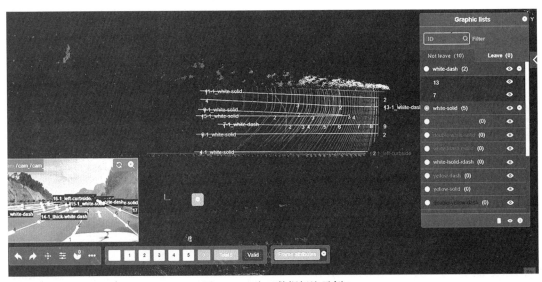

图7-2 3D点云数据标注示例

7.1.3 高效标注方法：提升标注效率和准确率的技巧

数据标注是一种将文本、图像、音频等数据与相应的标签或类别相关联的过程，通常用于机器学习等领域。

数据标注是训练人工智能模型的关键过程,它对模型的性能和实际应用效果具有至关重要的影响。为了确保模型的准确性和可靠性,我们应当重视数据标注的每一步。那么,我们如何进行数据标注呢?下面介绍数据标注的基本方法。

❶ 采集数据:从各种来源收集需要标注的数据,如文本、图像、音频、视频等。

❷ 清洗数据:对采集到的数据进行预处理,去除噪声、异常值等干扰因素,并对数据进行格式转换和标准化处理。

❸ 标注数据:使用标注工具,根据预定义的标注规则和标准,对数据进行标注。标注的内容可以包括对象的类别、位置、大小、运动轨迹等信息,也可以包括场景的描述、情感倾向等内容。

❹ 审核标注:对数据标注结果进行审核和检查,确保标注的准确性和质量。

❺ 存储数据:将标注后的数据存储在数据库或其他存储介质中,以便后续使用。

❻ 反馈数据:将标注后的数据反馈给机器学习模型,以提高模型的性能。

案例 63 使用 2D3D 融合标注技术助力训练自动驾驶模型

2D3D 融合标注技术对于训练自动驾驶模型有着重要的推动作用。通过对 2D3D 多传感器融合的数据进行高效、准确的标注,不仅可以提高车辆的视觉感知能力,还可以结合雷达感知系统,进一步增强车辆的环境感知能力,相关示例如图 7-3 所示。在自动驾驶场景的训练和落地中,2D3D 融合标注技术可以极大地提高车辆的安全性和可靠性,为自动驾驶技术的发展和应用提供有力支持。

图7-3　2D3D融合标注示例

> **温馨提示 ●**
>
> 　　2D3D 融合标注技术是指同时对 2D 和 3D 传感器中所采集到的图像数据进行标注,并建立起联系,使标注人员可以利用视觉信息和深度信息创建出更加精准的标注。

7.2 AI训练师实战：5个实例，掌握VGG数据标注工具

VGG 是一款应用广泛的数据标注工具，其功能强大、操作简便，为 AI 训练师提供了高效、准确的数据标注解决方案。本节将通过 5 个实例，帮助 AI 训练师全面掌握 VGG 数据标注工具的使用方法和技巧，从而提高数据标注的效率和质量。

7.2.1 实例 1：重建 3D 人脸模型

使用 VGG 的 Unsupervised 2D to 3D（无监督的 2D 到 3D 转换）功能，可以从单张 2D 图像中自动学习并重建出对应的 3D 模型，而不需要任何形式的监督信息，如 3D 模型、多视图图像、2D/3D 关键点或先验形状模型等。

数据标注是实现 Unsupervised 2D to 3D 的关键步骤之一，它可以提供高质量的训练数据集，并确保模型能够准确地学习和预测 3D 结构信息。通过 Unsupervised 2D to 3D 这种无监督学习方法，可以从原始单视图图像中学习弱对称可变形 3D 物体类别，从而实现人脸的自动 3D 重建，原图与 3D 效果图对比如图 7-4 所示。

图7-4 原图与3D效果图对比

下面介绍重建 3D 人脸模型的操作方法。

步骤 01 进入 Unsupervised 2D to 3D 的功能页面，单击"选择文件"按钮，如图 7-5 所示。

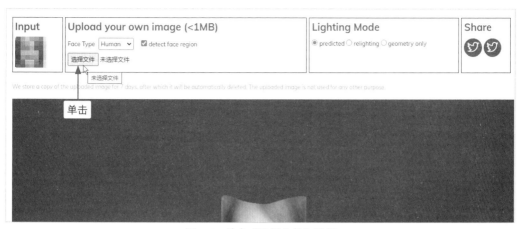

图7-5　单击"选择文件"按钮

步骤 02　执行操作后，弹出"打开"对话框，选择相应的素材图片，单击"打开"按钮上传图片，稍等片刻，即可生成该人脸图片的 3D 模型，如图 7-6 所示。

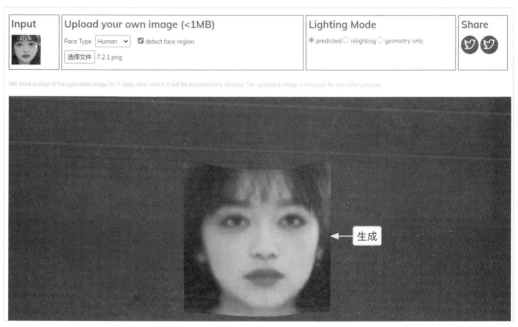

图7-6　生成人脸图片的3D模型

7.2.2　实例 2：检索人体姿态

VGG 的 Human Pose Retrieval（人体姿态检索）主要应用于计算机视觉领域，涉及从图像或视频中自动检测和识别人的姿态，即人体关节的位置和方向。Human Pose Retrieval 使用深度学习技术来实现，并需要大量的标注数据进行训练。下面介绍检索人体姿态的操作方法。

步骤 01　进入 Human Pose Retrieval 的功能页面，目前仅开放了一个 Pose based Video Retrieval（基于姿态的视频检索）功能，系统会根据左侧的姿态图自动检索出电影镜头中的人物姿态，如图 7-7 所示。

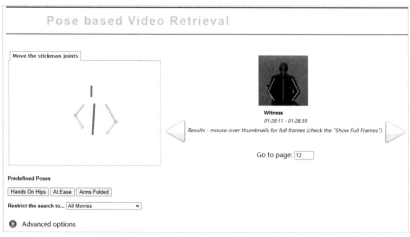

图7-7　Pose based Video Retrieval功能

步骤 02　在 Predefined Poses（预定义姿态）选项区中单击相应的按钮，如 At Ease（稍息），可以加载预设的姿态，同时自动检索出相应的电影人物镜头，如图 7-8 所示。

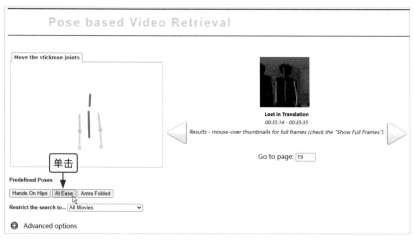

图7-8　加载预设的姿态

步骤 03　适当移动骨骼图中的人物关节，系统同样会自动检索出相应的电影人物镜头，如图7-9所示。

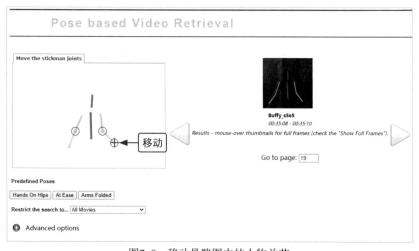

图7-9　移动骨骼图中的人物关节

温馨提示 ●

人体姿态检索在许多应用中都非常重要，如运动分析、行为识别、虚拟现实和游戏开发等。通过准确地检测和识别人体姿态，这些应用可以更好地理解和分析人体的运动和行为，从而提供更准确、更自然的人机交互体验。

步骤 04 展开 Advanced options（高级选项）选项区，在其中可以选择要查看的 Frames（帧）、Shots（镜头）或 Videos（视频），以及设置 Metadata（元数据）、Show Full Frame（显示全部帧）、Live Refresh（实时刷新）、No Background（无背景）等功能，同时还可以设置 Pictures per page（每页显示的图片数量）。例如，选中"Shots"单选按钮，即可检索出电影中所有包含该人体姿态的镜头，如图 7-10 所示。

图7-10 检索出电影中所有包含相应人体姿态的镜头

7.2.3 实例 3：检索视频内容

VGG 中的 Frozen in Time Video Search Demo（可理解为"视频视觉检索"）功能，通过使用人工智能技术从视频中提取有意义的信息并理解视频内容，可以为各种应用（如智能推荐、智能监控等）提供有价值的数据。使用这种自动化的视频检索技术，可以大大提高数据标注的效率。下面介绍检索视频内容的操作方法。

步骤 01 进入 Frozen in Time Video Search Demo 的功能页面，在搜索框中输入需要检索的视频类型，如 starry sky（星空），如图 7-11 所示。

图7-11 输入需要检索的视频类型

步骤 02 单击"Search"（搜索）按钮，即可检索到相应的视频内容，如图 7-12 所示。

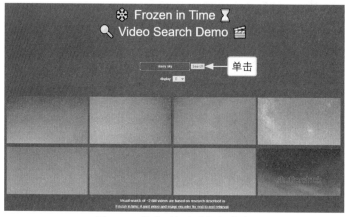

图7-12 检索到相应的视频内容

7.2.4 实例 4：检索绘画作品

VGG 中的 Visual Search of Paintings（可理解为"绘画作品视觉检索"）功能，能够自动查找给定对象类别的绘画作品。该功能的主要原理为：先通过数据标注技术对图像数据进行分析和注释，然后使用这些标注过的数据来训练机器学习模型，使其能够自动识别和比较绘画作品中的对象。

下面介绍检索绘画作品的操作方法。

步骤 01 进入 Visual Search of Paintings 的功能页面，在搜索框中输入需要检索的绘画作品类型，如 dog（狗），如图 7-13 所示。

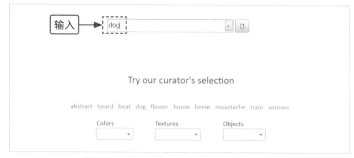

图7-13 输入需要检索的绘画作品类型

步骤 02 单击搜索框右侧的 🔘 按钮，即可检索到相应的绘画作品，如图 7-14 所示。

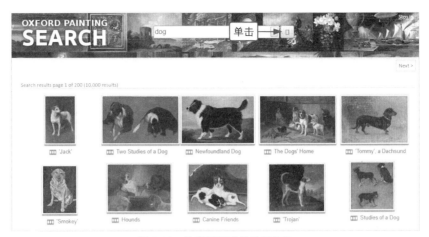

图7-14 检索到相应的绘画作品

7.2.5 实例 5：标注图像信息

VIA（VGG Image Annotator，VGG 图像注释器）是一款开源的图像标注工具，由 Visual Geometry Group 团队开发，它适用于图像、音频和视频的手工标注，使用简便，尤其在实例分割方面的表现良好。VIA 支持创建矩形、圆形、椭圆形、多边形、点和线的标注，并且可以导出 CSV 和 JSON 格式文件。下面介绍使用 VIA 标注图像信息的操作方法。

> **温馨提示●▶**
>
> CSV（Comma Separated Values，逗号分隔值）是一种纯文本的文件格式，通常用于存储表格数据。JSON（JavaScript Object Notation，JavaScript 对象标记）是一种轻量级的数据交换格式，用于数据的交换和存储，具有易于阅读和编写、跨平台兼容等特性。

步骤 01 在浏览器中打开 VIA 应用程序，进入 Home（首页）页面，单击"Add Files"（添加文件）按钮，如图 7-15 所示。

图7-15 单击"Add Files"按钮

步骤 02 　执行操作后，弹出"打开"对话框，选择相应的素材图片，单击"打开"按钮上传图片，
　　　　 在 Region Shape（区域形状）选项区中选择矩形工具 □，在图片中框住小狗对象，给其
　　　　 添加一个标注，如图 7-16 所示。

图7-16　添加标注

步骤 03 　展开 Attributes（属性）编辑器面板，输入相应的名称（dog），单击 田 按钮添加属性，并
　　　　 设置相应的 Name（名称）、Desc.（描述）和 Type（类型），编辑标注对象的属性，如图
　　　　 7-17 所示。

图7-17　编辑标注对象的属性

温馨提示 ●

　　要描述图片中的每个区域，必须先定义属性（如 Name），然后可以通过为属性赋值（如设置 Name 为
dog）来定义每个区域的注释。

本章小结

　　本章主要介绍了数据标注这一关键过程，它对于人工智能训练的重要性不容忽视。数据标注不仅定义了数据的意义，而且为机器学习模型提供了必要的引导。本章先从定义和重要性入手，解释了数据标注的核心意义；随后详细介绍了数据标注的类型，并指出了每种类型的具体应用场景；接着为了提高标注效率和准确率，还提供了一些实用的技巧和方法。此外，本章还通过 5 个实例，介绍了 VGG 数据标注工具的使用方法，包括重建 3D 人脸模型、检索人体姿态、检索视频内容、检索绘画作品和标注图像信息等，这些实例旨在帮助读者更好地理解和应用数据标注，为人工智能的训练和应用提供更准确和高效的数据基础。

课后习题

　　鉴于本章知识的重要性，为了帮助读者更好地掌握所学知识，下面将通过课后习题帮助读者进行简单的知识回顾和补充。

1．什么是数据标注？

2．使用VIA标注图7-18中的花对象。

图7-18　标注图中的花对象

第 8 章

神经网络训练
——教 AI 如何更懂人类

神经网络训练是人工智能领域中一个至关重要的环节，它涉及教会 AI 如何理解、解析和模拟人类的思维模式。神经网络训练可以使 AI 在各种应用场景中更加智能化、高效化。本章将深入探讨如何通过神经网络训练，使 AI 变得更懂人类、更好地为人类服务。

8.1 认识神经网络

神经网络，这个看似神秘的概念，其实是由生物神经元构成的复杂网络，也可以将其理解为由人工神经元或节点组成的网络或电路。这些神经元或节点之间的连接，就像人类的神经元网络一样，能够传递并处理信息。

神经网络在 AI 训练中扮演着极其重要的角色，它为 AI 的发展提供了强大的技术支持，使得 AI 能够更好地模拟人类的智能行为。本节将带大家初步认识神经网络。

8.1.1 概念：什么是神经网络？

神经网络可以分为两大类，即生物神经网络和人工神经网络。

生物神经网络是指生物大脑中的神经元网络，是自然界中客观存在的，由生物神经系统中的神经细胞按照一定方式连接而形成的网络，主要用于产生生物的意识，帮助生物进行思考和行动。

人工神经网络也称连接模型（Connection Model），它是一种通过模仿生物神经网络的行为特征，并进行分布式并行信息处理的算法数学模型。人工神经网络依靠系统的复杂程度，通过调整内部大量节点之间相互连接的关系，从而达到处理信息的目的。人工神经网络是一种应用类似于大脑神经突触连接的结构进行信息处理的数学模型，在工程与学术界也常将其直接简称为神经网络或类神经网络。

案例 64　用人工神经网络搭建波士顿房价预测模型

波士顿房价预测模型是一个基于历史房价数据和多种机器学习算法构建的模型，其目标是预测波士顿未来的房价走势，为投资者提供决策支持。该模型的核心是线性回归算法，线性回归通过拟合历史数据，建立一个反映房价与各影响因素之间关系的线性神经网络模型，该模型简单、有效，能够准确反映房价的变化趋势。

开发者使用 PaddlePaddle（飞桨）框架创建了一个全连接神经网络，模拟线性回归模型。该网络包含一个输入层、一个隐藏层和一个输出层。输入层用于接收影响房价的因素，隐藏层则通过全连接神经网络与输入层连接，输出层用于产生预测的房价。

在训练过程中，使用波士顿房价数据集作为样本，其中包括大量影响房价的因素和对应的房价作为标签；然后通过随机梯度下降（Stochastic Gradient Descent，SGD）优化算法，不断调整权重和偏置项，以最小化预测房价与真实房价之间的平方误差损失，从而得到一个能较准确预测波士顿未来房价走势的模型。

8.1.2 原理：神经网络的组成结构

神经网络由输入层（Input Layer）、隐藏层（Hidden Layer）和输出层（Output Layer）组成，如图 8-1 所示。其中，每个节点代表一种特定的输出函数（或称为激励函数），每两个节点的连接代表该信号在传输中的比重（即权重，相当于人工神经网络的记忆），网络的输出则取决于激励函数和权重的值。

神经网络是一种运算模型，其本质是通过网络的变换和动力学行为得到一种并行分布式的信息处理功能，并在不同程度和层次上模仿人脑神经系统的信息处理功能。

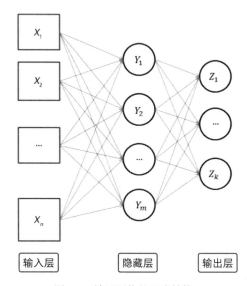

图8-1　神经网络的组成结构

神经网络先以一定的学习准则进行学习，然后才能工作。以写 A、B 两个字母的识别为例，规定当 A 输入网络时，应该输出 1；当输入为 B 时，输出应为 0。神经网络学习的准则为：如果网络做出错误的判断，则通过网络的学习，应使得网络降低下次犯同样错误的可能性。

8.1.3 技巧：神经网络的训练方法

神经网络作为机器学习领域的一种通用模型，它不仅是一个简单的算法集合，还是一套能够应对各种复杂问题的强大工具。神经网络的强大之处在于它的自适应和学习能力，通过不断地调整神经元或节点之间的连接权重，神经网络能够逐渐适应不同的数据模式，并从中学到有用的信息。

这种自适应的学习过程使得神经网络在处理复杂的、非线性的输入输出关系时具有出色的表现。当然，要做到这一点，必须掌握神经网络的训练方法，基本流程如下。

❶ **数据预处理**：对原始数据进行清洗、归一化等处理，使其符合神经网络的输入要求。

❷ **网络结构设计**：根据问题类型和数据特点设计合适的神经网络结构，包括网络层数、每层神经元数、各层互连方式等。

❸ **初始化参数**：为神经网络的权重和偏置项设置初始值。

❹ **前向传播**：根据输入数据和神经网络结构，计算出网络的输出值。

❺ **计算损失**：根据实际输出和期望输出之间的差异，计算出损失值。

❻ **反向传播**：根据损失值和梯度下降算法，更新神经网络的权重和偏置项。

❼ **迭代优化**：重复执行前向传播、计算损失、反向传播的步骤，不断优化神经网络的参数，直至达到预设的停止条件（如损失值收敛或达到最大迭代次数）。

温馨提示●

损失值收敛是指在多次迭代后，损失值的变化逐渐减小，趋于稳定，这通常意味着模型的性能已经达到一个相对较好的水平，继续迭代可能不会带来太大的提升。

达到最大迭代次数是指在训练过程中，可以设定一个最大迭代次数的阈值，当达到这个阈值时，即使损失值还没有完全收敛，训练也会停止，从而防止过拟合和节省计算资源。

---

❽ **测试评估**：使用测试数据对训练好的神经网络进行评估，检查其泛化能力。泛化能力是指机器学习算法对新鲜样本的适应能力。泛化能力越强，模型在新数据上的预测能力就越好；反之，泛化能力弱的模型容易对新数据产生过拟合或欠拟合的情况。

❾ **调整优化**：根据测试评估结果，对神经网络结构和参数进行进一步调整和优化。

神经网络有助于解决一些复杂的问题，如图像识别、语音识别、自然语言处理和推荐系统等。虽然神经网络的训练需要大量的数据和计算资源，但随着技术的不断发展，神经网络的训练已经变得越来越高效，其应用也变得越来越普及。

案例 65 Neural Filters 让 Photoshop 创意修图更简单

Neural Filters（神经滤镜）是 Photoshop 重点推出的 AI 修图技术，功能非常强大，它可以帮助用户把复杂的修图工作简单化，大大提高修图效率。Neural Filters 中包含一系列滤镜，每个滤镜都有其独特的功能和效果。借助 Neural Filters 的"妆容迁移"滤镜，可以将人物眼部和嘴部的妆容风格应用到其他人物图像中，相关示例如图 8-2 所示。

图8-2 "妆容迁移"功能的处理效果示例

8.2 AI训练师必知的6种神经网络架构

随着人工智能技术的飞速发展，神经网络作为其核心组件，已经成为研究的热点。AI 训练师要掌握各种神经网络架构。本节将深入探讨 6 种重要的神经网络架构，这些架构在各种任务中都展现出了强大的性能。通过对它们的了解，AI 训练师可以更好地选择和应用适合特定任务的神经网络模型。

8.2.1 感知机：用于解决模式识别问题

感知机（Perceptron）是第一代神经网络架构，仅包含一个神经元。它首先将原始输入转化为特征，然后通过权重和阈值来确定输出结果。虽然感知机的结构非常简单，但局限性较大，因为一旦确定了特征，学习就会受到限制。为了解决这个问题，需要建立多层自适应的非线性隐藏单元，以实现更复杂的输入输出映射。

> **温馨提示●**
>
> 输入输出映射是指一种关联关系，它将一个集合中的元素（也称输入）映射到另一个集合中的元素（称为输出）上，这种映射关系在计算机科学中广泛应用于计算和处理数据。例如，在机器学习中，输入输出映射可以表示为从输入数据到预测结果的函数关系。通过训练模型来学习这种映射关系，可以实现对新数据的预测和分析。

8.2.2 卷积神经网络：捕捉图像的空间结构

卷积神经网络（Convolutional Neural Network，CNN）是一种深度学习算法，专门用于处理具有网格结构的数据，如图像和语音。CNN 的核心思想是通过卷积操作来提取输入数据中的特征，并通过池化（一种用于提取特征的方法）操作来减小特征图的尺寸。

卷积操作使用一组可学习的滤波器（也称卷积核）对输入数据进行滑动窗口计算，从而生成特征图。这些滤波器可以捕捉到输入数据中的局部模式和特征。CNN 通常由多个卷积层、激活函数、池化层和全连接层组成。卷积层用于提取输入数据的特征，激活函数用于引入非线性因素，池化层用于减小特征图的尺寸，全连接层用于将特征映射到输出类别。

CNN 在图像识别、目标检测、图像分割等计算机视觉任务中取得了巨大的成功，它能够自动学习图像中的抽象特征，从而完成高准确率的分类和识别任务。此外，CNN 还可以通过迁移学习，将在大规模数据集上预训练的模型应用于其他任务，提高模型的泛化能力。

案例 66 CNN 在 ImageNet 挑战赛中展现出惊人的图像识别能力

在 ImageNet 挑战赛中，卷积神经网络展现出了惊人的图像识别能力。ImageNet 是一个大规模的图像数据集，包含了上万种不同种类的图片，如动物、植物、人造物品等。传统的图像处理方法在面对如此庞大和多样化的数据集时，往往难以准确识别出各种类别的图像。

然而，通过训练的 CNN 模型，不仅能够快速地处理大量的图像数据，还能在分类任务中达到非常高的准确率。相比之下，传统的图像处理方法往往在面对不同光照条件、角度、尺寸和遮挡物等复杂情况时，准确率会大幅下降；而 CNN 通过学习从原始图像中提取有用的特征，能够更好地处理这些变化和挑战。

实际应用中，CNN 在图像识别相关领域取得了巨大的成功，被广泛应用于安防监控、自动驾驶、人脸识别、医学影像分析等领域。

8.2.3 循环神经网络：用于处理序列数据

循环神经网络（Recurrent Neural Network，RNN）是一种特殊的神经网络架构，主要用于处理序列数据，如文本、语音、时间序列等。RNN 以序列数据作为输入，在序列的演进方向上进行递归，且所有节点（循环单元）按链式结构进行连接。

> **温馨提示**
>
> 递归是指在函数或算法中，函数或算法直接（或间接）调用自身的一种方法。

RNN 具有记忆性、参数共享及图灵完备（Turing Completeness）等特性，这使它在处理序列的非线性特征时具有优势。RNN 的结构包括一个循环单元和一个隐藏状态，其中循环单元负责接收当前时刻的输入数据及上一时刻的隐藏状态，而隐藏状态则同时影响当前时刻的输出和下一时刻的隐藏状态。

RNN 的训练通常使用反向传播算法和梯度下降算法，但存在梯度消失和梯度爆炸等问题，因此需要采用一些特殊的训练方法，如长短时记忆网络、自适应学习率算法等。RNN 在自然语言处理、语音识别、时间序列分析等领域有广泛的应用。

案例 67 使用高级神经网络库 Keras 训练 RNN 模型

Keras 是一个基于 Python 开发的高级神经网络库，它可以在各种深度学习框架上运行，如 TensorFlow 和 Theano。Keras 提供了一种简单易用的方式来构建和训练 RNN 模型，可以用于股票价格预测等时间序列预测任务。

Keras 为用户提供了一个简单易用的 API 来构建神经网络模型，让用户可以更加方便地设计和训练复杂的 RNN 模型，而不需要深入了解底层细节。另外，Keras 提供了一些工具和库，如 TensorBoard 等，可以帮助用户可视化模型训练过程和结果。

8.2.4 生成对抗网络：相互博弈以提升模型性能

生成对抗网络（Generative Adversarial Network，GAN）是一种深度学习模型，用于生成新的数据样本，如图片、音频和文本等。GAN 由两个互相对抗的神经网络组成：生成器（Generator）和判别器（Discriminator）。生成器的任务是生成新的数据样本，而判别器的任务则是判断输入的数据样本是否真实。

在 GAN 的训练过程中，生成器和判别器会进行对抗训练，不断改进和优化各自的参数。生成器试图生成更加逼真的数据样本，以欺骗判别器；而判别器则努力识别输入的数据样本是否为真实数据，或是否由生成器生成的假数据。通过这种对抗过程，生成器和判别器都会逐渐提高自己的性能。GAN 的主要应用包括图像生成、图像修复、风格迁移等。

案例 68 使用 Stable Diffusion 的图生图功能实现风格迁移

Stable Diffusion 是一种基于深度学习技术的大模型，其图生图功能采用了 GAN 实现风格迁移，能够将一种图像的风格迁移到另一种图像上，相关示例如图 8-3 所示。具体来说，该过程通过训练一个生成器来学习目标图像的风格，然后将这种风格应用于原始图像上。同时，使用判别器来评估生成图像的质量和风格的真实性。

图8-3　Stable Diffusion的图生图功能应用示例

8.2.5　递归神经网络：对序列数据进行有效处理

递归神经网络（Recursive Neural Network，RNN）具有树状阶层结构且网络节点按其连接顺序对输入信息进行递归，它可以对序列数据进行有效处理，通常应用于自然语言处理、语音识别、时间序列预测等领域。

递归神经网络的基本思想是将一个序列数据输入神经网络后，通过递归地构建神经网络层次结构，将数据逐层展开，从而对序列数据进行精细粒度的处理。具体来说，递归神经网络由若干个节点（又称神经元或感知机）构成，每个节点都包含一个或多个权重参数，这些参数在训练过程中会得到不断调整和优化。

在训练递归神经网络时，通常采用反向传播算法对神经网络的参数进行更新。由于递归神经网络的结构是层次化的，因此在反向传播时需要逐层向上传递误差信号，并根据误差信号更新各层的权重参数。

案例 69 Deep Speech 利用 RNN 提高语音识别准确率

Deep Speech 是百度基于深度学习技术开发的语音识别系统，它采用了深度学习技术中的递归神经网络和 CTC Loss 来训练深度神经网络，可以处理各种条件下的语音，包括嘈杂环境的语音、不同口音及区别不同语种等。通过深度神经网络识别音频的频谱，Deep Speech 可以输出字符串，实现语音到文本的映射。

> **温馨提示 ●**
>
> CTC Loss 的全称为 Connectionist Temporal Classification Loss，是一种用于解决序列识别问题的损失函数，它通常与神经网络结构相结合，以生成序列标签。

8.2.6 长短期记忆网络：处理自然语言序列等任务

长短期记忆（Long Short-Term Memory，LSTM）网络是一种时间递归神经网络，用于解决传统的循环神经网络存在的长期依赖问题。LSTM 网络通过引入记忆单元来解决这个问题，这个记忆单元可以记住之前的信息，并在需要的时候使用这些信息。

LSTM 网络的结构包括输入门、遗忘门、输出门和记忆单元，相关介绍如下。

❶ **输入门（Input Gate）**：用于控制新输入信息的流入程度。输入门通过使用 sigmoid 激活函数将当前输入与之前的记忆状态进行组合，得到一个介于 0 到 1 之间的值，这个值决定了哪些新信息会被纳入记忆单元中。

❷ **遗忘门（Forget Gate）**：用于决定要保留和遗忘的部分。遗忘门接收一个长期记忆（上一个单元模块传过来的输出），并使用 sigmoid 激活函数计算出一个遗忘因子，这个因子决定了哪些信息需要被遗忘。

❸ **输出门（Output Gate）**：用于控制输出的生成，并决定从记忆细胞中输出多少信息。通过引入"门控机制"，LSTM 网络能够有效地捕捉序列之间的长期依赖关系，并且能够在处理长序列数据时避免梯度消失和梯度爆炸的问题。

❹ **记忆单元（Memory Cell）**：这是 LSTM 网络的核心部分，负责存储信息。记忆单元通过 tanh 激活函数生成一个新的候选值向量，作为新的记忆候选值。

案例 70 LSTM 网络在谷歌语音搜索和识别技术中的应用

谷歌的语音搜索和语音识别技术使用了 LSTM 网络处理语音信号中的长期依赖关系。语音信号是一种时间序列数据，其中每个语音帧都依赖于前面的帧。传统的循环神经网络在处理这种长期依赖关系时存在困难，因为它们在处理过程中会逐渐忘记前面的信息；而 LSTM 网络通过引入记忆单元，能够有效地存储和传递长期依赖信息，从而提高语音识别的准确率。图 8-4 所示为谷歌的语音搜索功能。

图8-4　谷歌的语音搜索功能

在谷歌的语音搜索和语音识别技术中，LSTM 网络被用于捕获语音信号中的特征和模式，并将这些特征和模式转换为相应的文本。先通过预处理技术将原始的语音信号转换为特征序列，然后 LSTM 网络接收这些特征序列，并输出相应的文本。在训练过程中，LSTM 网络通过反向传播算法对参数进行优化，以最小化预测结果与真实结果之间的差异。

此外，谷歌还使用 LSTM 网络与其他技术相结合，进一步提高了语音识别的性能。例如，谷歌结合了 LSTM 网络和注意力机制（Attention Mechanism），以便在处理长语音序列时更好地聚焦于重要的部分，这种结合使得模型能够更好地理解语音中的语义信息，并提高识别的准确性。

8.3　AI训练师实战：5个流程，训练特定画风的LoRA模型

LoRA（Low-Rank Adaptation，低阶适应）是一种能够自动调整神经网络中各层之间权重的神经网络模型，通过学习可以不断提升模型的性能。本节以图像领域中的 LoRA 模型为例，介绍训练特定画风的 LoRA 模型的基本流程。

8.3.1　认识模型：LoRA 模型训练概述

LoRA 最初应用于大型语言模型（Large Language Model，LLM，简称大模型），由于直接对大模型进行微调，不仅成本高，而且速度慢，再加上大模型的体积庞大，因此性价比很低。LoRA 通过冻结原始大模型，并在外部创建一个小型插件来进行微调，从而避免了直接修改原始大模型。这种方法不仅成本低、速度快，而且插件式的特点使得它非常易于使用。

案例 71　用 LoRA 微调 Stable Diffusion 绘画大模型

LoRA 在 Stable Diffusion 绘画大模型上的表现非常出色，固定画风或人物样式的能力非常强大。只要是图片上的特征，LoRA 都可以提取并训练，其作用包括对人物的脸部特征进行复刻、生成某一特定风格的图像、固定人物动作特征等，相关示例如图 8-5 所示。因此，LoRA 的应用范围逐渐扩大，并迅速成了一种流行的 AI 绘画模型。

图8-5　使用LoRA模型生成晚霞风格的图像示例

LoRA 模型训练是一种基于深度学习的模型训练方法，它通过学习大量的图像数据，提取出图像中的特征和规律，从而生成个性化的图像效果。这种训练方法不仅具有高效性，而且可以生成更加丰富、多样的图像风格。

LoRA 对于神经网络训练的意义在于通过学习神经网络中各层之间的权重，提高模型的性能。具体来说，LoRA 通过自动调整当前层的权重，使不同的层在不同的任务上发挥更好的作用。这种重加权模型能够实现对 AI 生图效果的改善，并且具有参数高效性，能够显著降低 finetune（利用别人已经训练好的神经网络模型，针对自己的任务再进行调整，也称微调）的成本，同时获得与大模型微调类似的效果。

> **温馨提示 ●**
>
> LoRA 原用于解决大模型的微调问题，如 GPT 3.5 这类拥有 1750 亿量级参数的模型。有了 LoRA，就可以将训练参数插入模型的神经网络中，而无须全面调整模型。这种方法既可即插即用，又不会破坏原有模型，有助于提升模型的训练效率。

8.3.2　准备工作：安装训练器与整理数据集

在训练 LoRA 模型之前，用户需要先下载相应的训练器，如这里使用的是秋叶 aaaki 的 SD-Trainer，它是一个基于 Stable Diffusion 的 LoRA 模型训练器。使用 SD-Trainer，只需少量图片数据，每个人都可以轻松快捷地训练出属于自己的 LoRA 模型，让 AI 按照你的想法进行绘画。同时，用户还要准备用于训练的图片数据集。

下面介绍 LoRA 模型训练的一些具体准备工作。

步骤 01　下载好 SD-Trainer 的安装包后，选择该安装包并右击，在弹出的快捷菜单中选择"解压到当前文件夹"命令，如图 8-6 所示，将其解压到当前文件夹中。

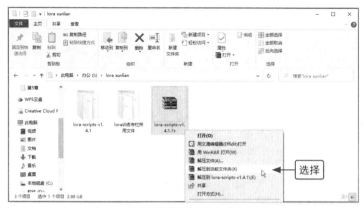

图8-6 选择"解压到当前文件夹"命令

温馨提示 ●

用户需要先明确自己的训练主题，如特定的人物、物品或画风。确定好后，还需要准备用于训练的图片数据集。数据集的质量直接关系到模型的表现，因此一个理想的数据集应具备以下要求。

① 准备不少于 15 张高质量的图片，通常建议准备 20 ~ 50 张图。注意，由于本书只用于讲解操作方法，因此并没有用这么多图片。

② 确保图片主体内容清晰可识别、特征鲜明，保持图片构图简单，避免干扰元素，同时避免使用重复或相似度过高的图片。

③ 如果选择人物照片，尽量以脸部特写为主（包括多个角度和表情），同时还可以混入几张不同姿势和服装的全身照。

素材图片准备好之后，需要对这些图片进行进一步处理，具体如下。

① 对于低像素的图片，可以使用 Stable Diffusion 的后期处理功能进行高清放大处理。

② 统一裁剪图片的尺寸，确保分辨率是 64 的倍数，如 512px × 512px 或者 768px × 768px。

步骤 02 解压完成后，进入安装目录下的 train 文件夹中，创建一个用于存放 LoRA 模型的文件夹，建议文件夹的名称与要训练的 LoRA 模型名称一致，如 Fashionable Beauties（时尚美女），如图 8-7 所示。

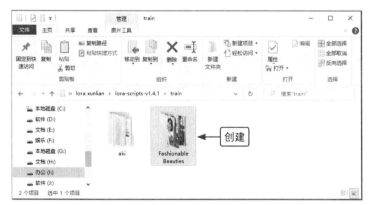

图8-7 创建一个用于存放LoRA模型的文件夹

步骤 03 进入 Fashionable Beauties 文件夹，在其中再创建一个名为 10_Fashionable Beauties 的文件夹，并将准备好的训练图片放入其中，如图 8-8 所示。

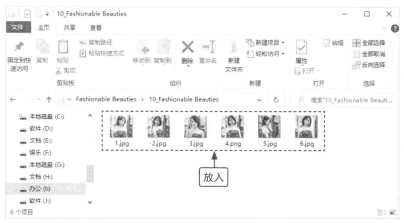

图8-8　放入相应的训练图片

8.3.3　数据标注：图像预处理和打标优化

　　图像预处理主要是对训练图片进行标注，这有助于提升 AI 的学习效果。在生成 tags（打标文件）后，还需要优化文件内的标签，通常采用以下两种优化方式。

　　❶ **保留所有标签**：是指不删减任何标签，直接应用于训练，这种方法常用于训练不同画风或追求高效训练人物模型的情境，其优劣势分析如下。

　　● 优势：省去了处理标签的时间和精力，同时降低出现过拟合情况的可能性。

　　● 劣势：因为风格变化大，需要输入大量标签进行调用。同时，在训练时需要增加 epoch（指整个数据集的一次前向和一次反向传播过程）训练轮次，导致训练时间变长。

　　❷ **删除部分特征标签**：举例来说，在训练特定角色时，保留 "黑色头发" 作为其独有特征，因此删除 black hair 标签，以防止将基础模型中的 "黑色头发" 特征引导到 LoRA 模型的训练中。简而言之，删除标签即将特征与 LoRA 模型绑定，而保留标签则扩大了画面调整的范围，其优劣势分析如下。

　　● 优势：方便调用 LoRA 模型，更准确地还原画面特征。

　　● 劣势：容易导致过拟合的情况出现，同时泛化性能降低。过拟合的表现包括画面细节丢失、模糊、发灰、边缘不齐、无法执行指定动作等，特别是在一些大模型上表现不佳。

下面介绍图像数据标注的操作方法。

步骤 01 进入 SD-Trainer 的安装目录，先双击"A 强制更新 - 国内加速 .bat"文件进行更新（注意，仅首次启动时需要运行该程序）。完成命令后，再双击"A 启动脚本 .bat"文件启动应用，如图 8-9 所示。

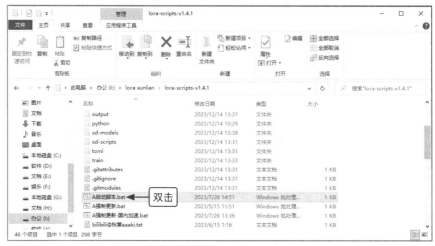

图8-9　双击"A启动脚本.bat"文件

步骤 02 执行操作后，即可在浏览器中打开"SD-Trainer ｜ SD 训练 UI"页面，该页面会显示 SD-Trainer 的更新日志。单击左侧的"WD 1.4 标签器"，如图 8-10 所示。

图8-10　单击左侧的"WD 1.4标签器"

> **温馨提示●**
>
> WD 1.4 标签器（又称Tagger标注工具）是一种图片提示词反推模型，其原理是利用 Tagger 模型将图片内容转化为提示词，从而生成对应的文生图（Text-to-Image）或图生图（Image-to-Image）的 AI 作品。Tagger 模型能够自动通过分析图片内容，推断出相应的文字描述，提高图片数据标注的效率。

步骤 03 执行操作后，进入"WD 1.4 标签器"页面，设置相应的图片文件夹路径（即前面创建的 10_Fashionable Beauties 文件夹的路径），并输入相应的附加提示词（注意用逗号分隔），作为起手通用提示词，用于提升画面的质感，如图 8-11 所示。

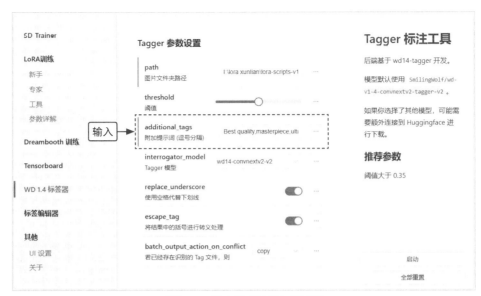

图8-11　输入相应的附加提示词

步骤 04　单击页面右下角的"启动"按钮，即可进行图像预处理。可以在命令行窗口中查看处理结果，同时还会在图像源文件夹中生成相应的标签文档，如图 8-12 所示。

图8-12　查看处理结果和生成相应的标签文档

8.3.4 参数调整：设置训练模型和数据集

SD-Trainer 提供了"新手"和"专家"两种 LoRA 模型训练模式，建议新手采用"新手"模式，参数的设置会更加简单一些。下面介绍在"新手"模式中设置训练模型和数据集等参数的操作方法。

步骤 01 将用于 LoRA 模型训练的基础底模型（即底模文件）放入 SD-Trainer 安装目录下的 sd-models 文件夹内，如图 8-13 所示。

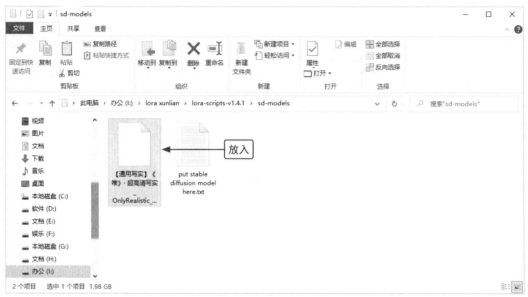

图8-13　在相应文件夹放入基础底模型

步骤 02 在"SD-Trainer｜SD 训练 UI"页面中，单击左侧的"新手"进入相应页面，在"训练用模型"选项区中设置相应的底模文件路径（即上一步准备的基础底模型路径），在"数据集设置"选项区中设置相应的训练数据集路径（即图像文件夹的路径），如图 8-14 所示。

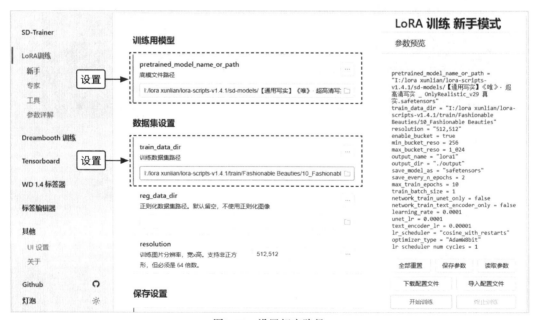

图8-14　设置相应路径

步骤 03 在"新手"页面下方的"保存设置"选项区中,设置相应的模型保存名称和保存路径,如图8-15 所示。

图8-15 设置相应的模型保存名称和保存路径

步骤 04 在"新手"页面下方还可以设置学习率与优化器参数、训练预览图参数等,这里保持默认 设置即可,单击"开始训练"按钮,如图 8-16 所示。

图8-16 单击"开始训练"按钮

步骤 05 执行操作后,在命令行窗口中可以查看模型的训练进度,如图 8-17 所示。

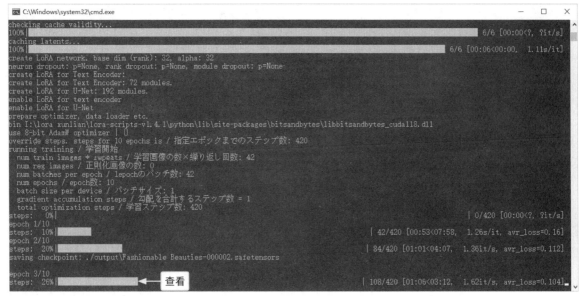

图8-17　查看模型的训练进度

步骤 06 模型训练完成后，进入 output 文件夹中，即可看到训练好的 LoRA 模型，如图 8-18 所示。

图8-18　看到训练好的LoRA模型

8.3.5　测试模型：评估模型应用效果

将训练好的 LoRA 模型放入 Stable Diffusion 的 LoRA 模型文件夹中，并测试该 LoRA 模型的绘画效果，原图与效果图对比如图 8-19 所示。可以看到，通过 LoRA 模型生成的图像会带有原图的画风，其中人物脸形、发型、服饰和背景等元素都非常相似。

图8-19　原图与效果图对比

下面介绍在 Stable Diffusion 中测试 LoRA 模型的操作方法。

步骤 01　进入"文生图"页面，选择训练 LoRA 模型时使用的大模型，输入简单的提示词，切换至 Lora 选项卡，单击"刷新"按钮即可看到新安装的 LoRA 模型。选择新安装的 LoRA 模型并将其添加到提示词输入框中，用于固定图像画风，如图 8-20 所示。

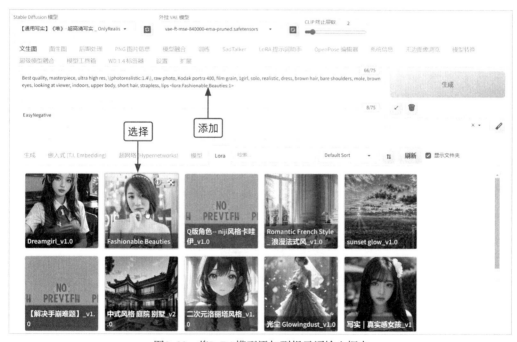

图8-20　将LoRA模型添加到提示词输入框中

温馨提示●

　　在 LoRA 模型的提示词中，可以对其权重值进行设置，具体可以查看每款 LoRA 模型的介绍。需要注意的是，LoRA 模型的权重值尽量不要超过 1，否则容易生成效果很差的图。大部分单个 LoRA 模型的权重值可以设置为 0.6 ~ 0.9，这样能够提高出图质量。如果只想带一点点 LoRA 模型的元素或风格，则将权重值设置为 0.3 ~ 0.6 即可。

步骤 02 在页面下方设置"采样方法"为 DPM++ 2M Karras，使采样结果更加真实、自然，其他参数保持默认即可，如图 8-21 所示。

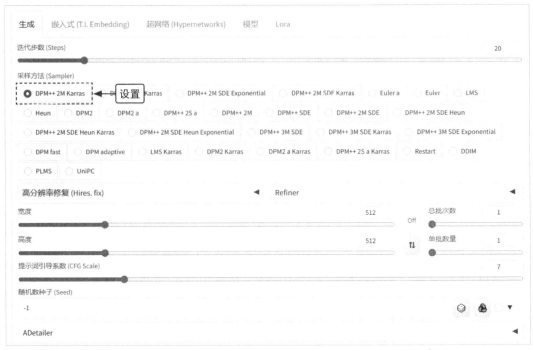

图8-21 设置"采样方法"为DPM++ 2M Karras

温馨提示●

　　DPM++ 2M Karras 采样器可以生成高质量图像，适合生成写实人像或刻画复杂场景，而且步幅（即迭代步数）越高，细节刻画效果越好。使用 DPM++ 2M Karras 采样器生成图片时，不仅生成速度快，而且出图效果好。

步骤 03 单击"生成"按钮，即可生成相应画风的图像，效果如图 8-22 所示。

图8-22 生成相应画风的图像效果

本章小结

本章主要介绍了训练神经网络的基本知识，具体内容包括神经网络的概念、组成结构、训练方法，以及感知机、卷积神经网络、循环神经网络、生成对抗网络、递归神经网络、长短期记忆网络等神经网络架构的特点和应用场景，最后以 LoRA 模型训练为例，详细介绍训练特定画风模型的整个流程。通过学习本章内容，读者可以了解神经网络的原理和各种架构的特点，并掌握训练 LoRA 模型的方法。

课后习题

鉴于本章知识的重要性，为了帮助读者更好地掌握所学知识，下面将通过课后习题帮助读者进行简单的知识回顾和补充。

1．神经网络的组成结构是什么？

2．用真实摄影风格的LoRA模型生成人物图片，效果如图8-23所示。

图8-23　真实摄影风格的LoRA模型生成的人物图片效果

第 9 章
模型评估和优化
——确保 AI 训练的结果

在人工智能领域，模型的评估和优化是确保训练结果有效性和可靠性的关键环节。本章将探讨模型评估的方法和技术，以及如何对模型进行优化以提高其性能。通过了解和掌握这些技巧，读者能够更好地应对人工智能训练中的各种挑战，为实际应用提供强大而可靠的 AI 技术支持。

9.1 5个指标，评估训练好的AI模型

随着人工智能技术的不断发展，评估训练好的 AI 模型已经成为一个重要的研究领域。在评估过程中，我们通常会关注多个指标，以确保模型在各种情况下都能表现出良好的性能。本节将详细探讨如何使用 5 个关键指标来评估训练好的模型，包括准确率、精度、F1 分数、误差和 ROC 曲线等。这些指标在机器学习和人工智能领域中具有广泛的应用，可以帮助 AI 训练师全面了解模型的性能，并指导 AI 训练师改进和优化模型。

9.1.1 准确率：直观展示模型的整体性能

在评估训练好的 AI 模型时，准确率（也称查准率）是一个非常重要的指标。准确率是指模型正确预测的样本占总样本数量的比例，它直观地反映了模型的整体性能。准确率较高，则意味着模型能够很好地对数据进行分类或预测；而准确率较低，则表明模型存在较大的误差。

案例 72 用准确率评估机器学习模型性能

在处理一个二分类问题时，目标是将新闻文章分类为"正面"或"负面"。我们使用一个机器学习模型对一组新闻文章进行分类，并使用准确率作为评估指标。

首先，将新闻文章分为训练集和测试集，然后使用训练集训练模型；接下来，使用测试集对模型进行评估，计算准确率。具体来说，将模型的预测结果与测试集中每个样本的实际标签进行比较，计算预测正确的样本数占总样本数的比例。

如果准确率较高，说明模型能够很好地将新闻文章分类为"正面"或"负面"，具有较好的分类性能；如果准确率较低，则说明模型存在较大的误差，需要进一步优化和改进。

然而，仅依赖准确率这个单一的指标来评估模型性能，则存在一定的局限性。当不同类别的样本比例非常不均衡时，准确率很容易受到占比大的类别的误导。例如，在一个负样本占 99% 的数据集中，即使一个分类器将所有样本都预测为负样本，它也能获得高达 99% 的准确率，这表明总体准确率高并不意味着类别比例小的准确率也高。

9.1.2 精度：控制模型评估的误报率

精度又称精确率，它表示被正确分类为正样本的样本数量占模型判定为正样本的总样本数量的比例。换句话说，精度反映了模型在预测为正样本的样本中，真正为正样本的比例。

精度的计算公式为：精度 = 真正例 ÷ 预测为正样本的样本数。其中，真正例是指被正确分类为正样本的样本数。

精度的意义在于，在很多分类任务中，我们不仅希望模型能够尽可能多地识别出正样本，更希望这些被识别出的正样本中真正属于该类别的样本占比较大。因此，精度可以帮助我们了解模型预测为正样本的准确程度，避免出现过多的"假阳性"样本。

然而，与准确率一样，精度也存在一定的局限性。当不同类别的样本比例非常不均衡时，即使一个分类器将所有样本都预测为少数类别的样本，其精确率也可能非常高。因此，在实际应用中，我们通常会结合召回率指标来更全面地评估模型的性能。

召回率是指被正确分类为正样本的样本数量占所有真正的正样本数量的比例。也就是说，它表示在所有真正的正样本中，被模型正确识别出来的比例。

精度与召回率是既矛盾又统一的两个指标。为了提高精度，分类器需要尽量在"更有把握"时才将样本预测为正样本。这意味着它会更加保守，从而减少误判为正样本的数量。但这样做可能会导致漏掉很多"没有把握"的正样本，从而降低召回率。

精度和召回率在逻辑上是相互关联的，为了得到一个平衡的模型性能，我们需要在精度和召回率之间进行权衡，以满足实际应用的需求。

9.1.3　F1 分数：更全面地评估分类器的性能

F1 分数（又称 F1 值）是精度和召回率的调和平均值，它综合考虑了这两个指标，是评估分类模型性能的重要标准。F1 值越大，则表示模型的性能越好。与普通的平均值不同，调和平均值给予较低的值更高的权重，这意味着为了获得较大的 F1 分数，分类器不仅需要高精度，还需要高召回率。

在实际应用中，F1 分数常用于许多需要平衡精度和召回率的分类任务，如垃圾邮件识别、疾病预测等。通过综合考虑精度和召回率，F1 分数提供了一个全面的评估指标，有助于开发出性能更优的分类模型。

案例 73　用 F1 分数评估识别信用卡欺诈行为的分类模型

某公司正在开发一个用于识别信用卡欺诈行为的分类模型，对于这种任务，精度和召回率都是重要的评估指标。

❶ 精度：对于信用卡欺诈识别任务，高精度意味着模型能够准确地识别出真正的欺诈交易，而不会误判正常交易为欺诈，这有助于减少误报，避免因不必要的调查给客户带来不便。

❷ 召回率：高召回率意味着模型能够尽可能多地检测到欺诈交易，而不会漏掉任何可能的欺诈行为，这有助于提高欺诈识别的全面性，减少客户被欺诈的风险。

由于精度和召回率对于这个任务都很重要，F1 分数便成为一个评估模型整体性能的良好指标。F1 分数越大，表明模型在精度和召回率之间取得了更好的平衡，能够更准确地识别欺诈行为。

9.1.4　误差：更好地处理异常值带来的影响

在模型评估中，AI 训练师常常会遇到各种误差指标，其中均方误差（Mean Square Error，MSE）和根均方误差（Root Mean Square Error，RMSE）是常用的两种，它们都用于衡量预测值与实际值之间的差异，且都对异常值非常敏感。当数据集中存在异常值时，均方误差和根均方误差的值会显著增大，从而影响最终的模型评估结果。

为了解决这个问题，平均绝对百分比误差（Mean Absolute Percentage Error，MAPE）被引入作为评估模型性能的指标。与均方误差和根均方误差不同，平均绝对百分比误差考虑了每个点相对于其真实值的误差比例，而不是绝对误差，这意味着即使存在异常值，它们对平均绝对百分比误差的影响也会被相对削弱。

通过将每个点的误差进行归一化处理，平均绝对百分比误差可以提高对异常值的鲁棒性，这意味着即使数据集中存在个别离群点（指一个数据点显著地偏离其所在数据集的其他数据点），它们对平均绝对百分比误差的影响也会被降低。因此，在模型评估中，使用平均绝对百分比误差作为评估指标，可以更准确地反映模型的性能，特别是在存在异常值的情况下。

9.1.5　ROC 曲线：显示不同分类阈值下模型的性能

在机器学习领域中，二值分类器是最常见的分类器。为了评估其性能，AI 训练师通常会使用多种指标，如精度、召回率、F1 分数、P-R 曲线等。然而，这些指标都有其局限性，只能反映模型在某一方面的性能。相比之下，ROC 曲线则具有许多优点，并经常用作评估二值分类器的重要指标之一。

> **温馨提示** ●
>
> 　　在机器学习领域中，P-R曲线是一种用于评估二分类模型性能的图形工具，它以准确率为纵轴、召回率为横轴进行绘制。

ROC 曲线的全称为 Receiver Operating Characteristic Curve，即受试者工作特征曲线，该曲线的横坐标表示假阳性率（False Positive Rate，FPR），纵坐标表示真阳性率（True Positive Rate，TPR），相关示例如图9-1所示。通过绘制 ROC 曲线，AI 训练师可以可视化模型在二分类问题上的性能。

在评估二分类模型时，除了 ROC 曲线，AI 训练师还经常使用 AUC（Area Under Curve）指标。AUC 是 ROC 曲线下的面积，其范围从 0 到 1。AUC 越接近 1，表示模型的分类性能越好。AUC 能够量化地反映基于 ROC 曲线衡量的模型性能，因此是一个重要的评估标准。

与 P-R 曲线相比，ROC 曲线的显著优

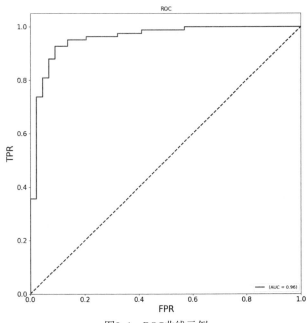

图9-1　ROC曲线示例

点是当正负样本的分布发生变化时，其形状能够保持基本不变。这意味着 ROC 曲线能够尽量降低不同测试集带来的干扰，从而更加客观地衡量模型本身的性能。

9.2 8个方法，优化AI模型的性能

如今，AI 模型在各个领域的应用越来越广泛。然而，模型的性能优化一直是 AI 训练师面临的挑战。为了提高 AI 模型的准确率、效率及可解释性，本节将介绍 8 个实用的方法，帮助 AI 训练师优化 AI 模型的性能，打造高效、可靠的 AI 应用。

9.2.1 Holdout 检验：用训练集训练模型并测试性能

Holdout 检验是一种优化模型性能的常用方法，其核心思想是将原始样本随机划分为训练集和验证集两部分。这种方法简单且直接，通过比较训练集和验证集的性能，可以对模型的泛化能力进行评估和优化。

案例 74 使用 Holdout 检验评估模型的泛化能力

下面是一个简单的二分类问题，需要预测客户是否会购买产品，相关数据集如下。

❶ 特征：客户年龄、收入、教育水平等。

❷ 标签：是否购买（是 / 否）。

通过 Holdout 检验处理这个二分类问题的步骤如下。

❶ 数据分割：随机选择70%的客户数据作为训练集，剩下的 30% 作为测试集。

❷ 模型训练：在训练集上训练一个逻辑回归模型。

❸ 模型评估：在测试集上评估模型的性能，计算准确率、召回率和F1 分数。

假设测试集上一共有 100 个样本，通过 Holdout 检验发现模型正确预测了 85 个样本有购买行为，其中 50 个是正类（购买），35 个是负类（未购买），下面计算相关的评估指标结果。

❶ 准确率＝（50 ＋ 35）÷ 100 = 0.85。

❷ 召回率＝ 50 ÷（50 ＋ 5）≈ 0.91（假设有 5 个实际购买但模型预测为未购买的样本）。

❸ F1 分数＝ 2×（召回率 × 精确率）÷（召回率＋精确率）≈ 0.87（假设精确率为 85%）。

结果分析：如果模型在 Holdout 检验的测试集上的评估指标分数都很高，并且与训练集上的性能相近，那么就可以认为该模型具有良好的泛化能力。

9.2.2 交叉验证：实现更稳定、可靠的模型性能

由于 Holdout 检验中的验证集是从原始样本中随机划分出来的，可能会导致在验证集上计算出来的评估指标与原始分组有很大关系，因此与训练集之间可能会存在偏差，而这种偏差会导致对模型性能的误判。

为了解决这一问题，有人引入了交叉验证的思想。交叉验证通过将样本划分为多个子集，并在这些子集上多次进行训练和验证，从而对模型的性能进行更准确、可靠的评估。通过多次重复验证，可以降低随机性对评估结果的影响，使得评估结果更加稳定、可靠。同时，交叉验证还有助于选出最佳的模型和参数组合，提高模型的泛化能力。

其中，K- Fold 交叉验证是交叉验证中常用的一种方法，其核心思想是将数据集分成 K 等份，每次选取其中的一份作为验证集（test），其余的（K-1）份则作为训练集（train），这个过程会重复 K 次，而且每次都会选取不同的数据作为验证集，相关示例如图 9-2 所示。在每次训练和验证的过程中，模型会根据训练集进行学习，并在验证集上进行性能评估。通过这种方式，模型可以获得多组不同的训练和验证结果，从而更全面地了解其性能表现。

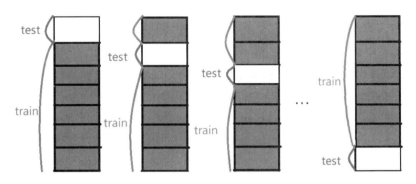

图9-2　K-Fold交叉验证示例

9.2.3　验证曲线与学习曲线：了解模型是否过拟合或欠拟合

验证曲线是一种评估和优化模型性能的工具，它主要通过在不同评估系数下观察模型在训练集和验证集（或测试集）上的性能表现来工作。这种观察有助于我们理解模型的过拟合与欠拟合情况，从而找到最佳的模型参数或结构，进而提高模型的预测准确率和泛化能力。

案例 75 通过绘制验证曲线构建随机森林模型

在构建随机森林模型时，可以通过调整决策树（Tree，随机森林中的基本单元）的数量来评估模型的预测准确率，相关示例如图 9-3 所示。通过绘制验证曲线，可以观察到模型预测准确率随着 Tree 数量的变化而变化，从而选择最优的 Tree 数量。

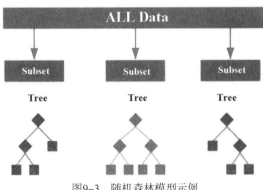

图9-3　随机森林模型示例

ALL Data 指的是整个数据集，即用于训练和测试模型的所有数据。Subset 指的是数据集的一个子集。在随机森林中，为了增加模型的多样性和降低过拟合的风险，通常会从原始特征中选择一部分特征进行模型的训练和决策树的生成。

这个选择的过程就涉及特征子集的概念，即每次只选择一部分特征进行模型的训练和决策树的生成。这个特征子集的选择有助于提高模型的泛化能力，因为每个决策树都是在不同的特征子集上训练的，这样可以增加模型的多样性。

同时，随机森林模型中的特征子集选择还可以降低过拟合的风险，因为每个决策树都是独立进行训练和决策的，可以避免模型对训练数据的过度依赖。

学习曲线是一种评估和优化模型性能的方法，它通过比较不同大小的训练集下模型的性能表现来评估模型的优劣程度。学习曲线通常用于确定训练集的最优大小，以避免出现过拟合或欠拟合的问题。

如果模型的预测结果随着训练集样本的增加而变化不大，那么增加样本数量不会对模型产生明显的优化作用。通过绘制学习曲线，可以观察到模型性能随着训练集大小的增加而变化的趋势，从而选择最优的训练集大小。

9.2.4　自助法：通过重抽样技术来进行模型训练和评估

自助法（Bootstrap Method）通过一种重抽样技术对数据集进行有放回的随机抽样，以生成一系列的训练集和测试集，用于模型的训练、评估和优化。在自助法中，每个样本被选中的概率相等，因此每个样本都有机会被选为训练集或测试集的一部分。

通过重复进行多次自助抽样，可以生成多个不同的训练集和测试集组合，从而可以对模型进行多次训练和优化。这种重复抽样和评估的过程有助于提高模型的稳定性和可靠性，同时也可以对模型的性能进行更全面的优化。自助法的应用非常广泛，可以用于各种机器学习模型的训练和评估，包括分类、回归、聚类等任务。

案例 76　使用自助法进行模型训练和优化

有一个数据集，其中包含 100 个样本，每个样本有 5 个特征，用户希望使用这 100 个样本进行模型训练和优化。先使用自助法对这 100 个样本进行有放回的随机抽样，如生成一个大小为 80 的训练集和一个大小为 20 的测试集；然后使用训练集对模型进行训练，并使用测试集对模型进行评估。

由于用户希望对模型进行多次训练和评估，因此可以多次重复上述过程。例如，可以重复进行 10 次自助抽样，生成 10 个不同的训练集和测试集组合，并对模型进行 10 次训练和评估。通过这 10 次训练和评估，可以得到模型性能的平均值和标准差等统计信息，从而更全面地了解和优化模型的性能和稳定性。

9.2.5　模型调参：找到最优超参数组合，提高模型性能

模型调参是指在模型训练过程中，对模型的超参数进行调整和优化的过程。超参数是指在模型训练之前需要预先设定的参数，它们对模型的训练和性能具有重要影响。下面介绍常见的超参数和模型调参的基本流程。

1．常见的超参数

常见的超参数包括学习率、正则化参数、批大小等，相关介绍如下。

❶ **学习率**：这是用于更新模型权重的参数，它决定了模型在每次迭代中权重调整的大小，对模型训练的速度和稳定性有很大影响。如果学习率过大，则可能导致模型陷入局部最小值；如果学习率过小，则可能导致模型训练速度缓慢，甚至无法收敛。

❷ **正则化参数**：这是一种用于防止模型过拟合的技术，通过在损失函数中增加一个惩罚项来约束模

型的复杂度。常见的正则化参数包括 L1 正则化、L2 正则化和 Dropout 等，这些参数可以对模型权重的大小或稀疏性进行约束，从而降低过拟合的风险。

温馨提示 ●

损失函数（Loss Function）用于衡量模型预测结果与真实标签之间的差异，并根据该差异进行反向传播和参数优化。

L1 正则化也称 Lasso 正则化，它通过对模型权重向量施加 L1 范数的惩罚来实现正则化。L1 范数是指向量中各个元素绝对值之和，它可以使权重向量中的一些元素变为零，从而提高模型的稀疏性。L1 正则化可以产生稀疏权值矩阵，即产生一个稀疏模型，用于特征选择等任务。

L2 正则化也称 Ridge 正则化，它通过对模型权重向量施加 L2 范数的惩罚来实现正则化。L2 范数是指向量中各个元素平方和的平方根，它可以使权重向量的各个元素都变小，从而防止模型过拟合。

Dropout 是一种特殊的正则化技术，它在模型训练过程中会随机地将神经元暂时从网络中丢弃，以减少神经元的依赖性。Dropout 可以有效地防止过拟合，因为它可以使模型在训练过程中使用不同的神经元组合，从而增加模型的泛化能力。

---

❸ **批大小**：是指在每次迭代中用于训练模型的样本数量。批大小的选择，对模型的训练速度和内存占用有一定影响。如果批大小设置得较小，则每次迭代的速度会更快，但可能需要更多的迭代次数才能达到收敛；如果批大小设置得较大，则可以减少迭代的次数，但可能会导致内存不足或训练速度变慢。

2．模型调参的基本流程

模型调参是优化模型性能的关键步骤之一，因为合适的超参数配置可以提高模型的准确率、稳定性和泛化能力。通过调整超参数，可以找到最佳的模型配置，使模型在训练和测试数据集上都能有出色的表现。模型调参的基本流程如下。

❶ **确定超参数的候选值**：根据经验或文献，确定超参数的可能取值范围或候选值。

❷ **网格搜索或随机搜索**：通过遍历超参数候选值的不同组合，在训练数据集上训练模型，并评估其在验证数据集上的性能，选出最佳的超参数组合。

❸ **调整其他超参数**：在确定了某些超参数的最佳值后，可能需要进一步调整其他相关超参数，以获得更好的性能。

❹ **交叉验证**：使用交叉验证技术对模型进行优化，以获得更可靠的性能指标和泛化能力。

❺ **调整学习率**：学习率是影响模型训练速度和性能的重要超参数。通过调整学习率，可以找到最佳的学习速度，使模型收敛更快且更稳定。

❻ **早停法**：是指当模型在验证数据集上的性能停止提高时，提前终止训练的过程。为了避免过拟合和节省训练时间，可以使用早停法来提前终止模型的训练。

9.2.6 数据预处理：有效改善模型训练数据的质量和分布

数据预处理是机器学习流程中不可或缺的一步，它对模型的性能优化起着至关重要的作用。数据预处理的目的是对原始数据进行必要的处理，使其满足模型训练的要求。数据预处理通常包括以下几个关键步骤。

❶ **数据清洗**：这是数据预处理中的重要环节，它的主要任务是处理缺失值、异常值和重复数据。对于缺失值，可以采用填充缺失值、删除含有缺失值的样本或使用插值等方法进行处理；对于异常值，可以采用基于统计的方法、基于距离的方法或基于密度的方法进行检测和处理；对于重复数据，可以采用基于排序的方法、基于哈希的方法或基于聚类的方法进行去重处理。

❷ **数据归一化**：是指将数据缩放到特定的范围，通常是 [0, 1] 或 [–1, 1]，以提升模型的训练速度和预测性能。归一化处理可以帮助模型更好地处理输入特征的尺度问题，常见的归一化方法包括最小－最大归一化（通过线性变换将数据映射到指定的范围内）、标准化（将数据的分布调整为标准正态分布，即均值为 0，标准差为 1）和 Z-score 归一化（又称标准差标准化，用于将数据转化为标准正态分布）等。

❸ **数据转换**：是指将数据从一种表现形式变为另一种表现形式的过程，涉及数据格式转换、数据类型转换和数据结构转换等方面，可以提高数据的可用性、一致性和适用性，使数据更容易被模型理解、分析和利用。

❹ **数据集成**：是指将多个数据源的数据进行整合，以便于模型能够使用全部数据进行训练和预测。在进行数据集成时，需要考虑数据的结构、格式和标准等问题，确保数据的准确性和一致性。

❺ **数据划分**：是指将数据集划分为训练集、验证集和测试集 3 个部分。训练集用于训练模型；验证集用于调整模型参数和选择最佳模型；测试集用于评估模型的泛化能力。合理的数据划分可以确保模型的泛化能力，避免过拟合和欠拟合的问题。

通过这些预处理步骤，可以去除数据中的噪声和冗余信息，提高模型的训练效果和泛化能力。预处理后的数据更加干净、一致，并且与目标变量更加相关，有助于提高模型的准确性、稳定性和可靠性。

案例 77 强大的数据处理工具——OpenRefine

OpenRefine 是一个免费开源的数据处理工具，它可以帮助用户清理、转换和扩展数据，如图 9-4 所示。下面是 OpenRefine 的主要功能。

❶ 数据清洗：OpenRefine 提供了一系列的数据清洗功能，可以帮助用户去除或纠正数据中的异常值、缺失值和重复数据，提高数据的质量和一致性。

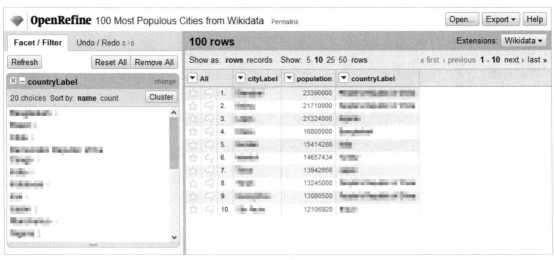

图9-4　OpenRefine数据处理工具

②　数据转换：OpenRefine 可以将数据从一种格式转换为另一种格式，以便于更好地满足后续分析和建模的需求。

③　数据扩展：OpenRefine 可以通过 Web 服务和外部数据来扩展数据的范围和维度，用户可以方便地将数据与其他数据源进行集成和整合，获取更多的信息和关联关系，从而更好地理解数据的内在规律和模式。

9.2.7　特征选择：降低维度、提高模型性能的有效方法

特征选择是指从原始数据中挑选出对模型训练最相关、最有用、最具代表性的特征的过程。特征选择是机器学习中的一个重要的预处理步骤，它可以降低数据的维度和复杂性，并提高模型的预测性能和泛化能力，减少计算资源和时间的消耗，以及降低过拟合的风险。特征选择的方法可以分为过滤式、包装式和嵌入式 3 种，相关介绍如下。

❶　**过滤式特征选择**：这种方法是按照某个规则或标准对特征进行评估和筛选，通常是一次性选择多个特征。常用的过滤式特征选择方法包括基于统计的方法（如卡方检验、信息增益等）、基于距离的方法（如欧氏距离、余弦相似度等）和基于模型的方法（如决策树、随机森林等）。

> **温馨提示●▶**
>
> 　　基于统计的过滤式特征选择方法介绍如下。
> 　　① 卡方检验：用于衡量两个特征之间的相关性，通过计算特征 A 和特征 B 之间的卡方值，可以评估它们之间的关联程度。
> 　　② 信息增益：用于决策树算法的特征选择，它衡量了某个特征对划分数据集的信息量增加程度，通常用于处理分类问题。
> 　　基于距离的过滤式特征选择方法介绍如下。
> 　　① 欧氏距离：用于衡量两个样本之间的直线距离。在特征选择中，欧氏距离可以用来评估不同特征之间的相似度或差异性。
> 　　② 余弦相似度：用于衡量两个向量之间的角度，通过计算它们的余弦值来判断它们的相似程度，常用于文本挖掘和自然语言处理等领域。
> 　　基于模型的过滤式特征选择方法介绍如下。
> 　　① 决策树：通过构建单个决策树模型来选择特征。在决策树的每个节点上，根据某个特征来划分数据集，并选择划分效果最好的特征。
> 　　② 随机森林：通过构建多个决策树模型来评估特征的重要性。随机森林中的每个决策树都会对数据进行一次划分，通过综合考虑所有决策树的评估结果，选择最重要的特征。

❷　**包装式特征选择**：这种方法是通过构建子集来选择特征，通常使用递归的特征选择方法来生成不同的特征组合，并通过交叉验证等技术评估每个子集的性能。包装式特征选择可以更加灵活地处理特征之间的相互作用和依赖关系，但计算复杂度较高。

❸　**嵌入式特征选择**：这种方法是通过将特征选择与模型训练过程结合，并通过优化算法使模型在训练过程中自动选择对自己最有用的特征。

在进行特征选择时，还需要注意以下几点。

❶　**避免过拟合**：在选择特征时，要避免只选择与目标变量高度相关的特征，而忽略了其他可能对模

型预测有用的特征。过拟合会导致模型在训练数据上表现良好，但在测试数据上表现较差。

❷ **考虑特征之间的相互作用**：特征之间可能存在相互作用或依赖关系，因此在选择特征时要考虑这些关系，避免选择相互冲突的特征。

❸ **考虑计算效率和性能**：特征选择需要消耗一定的计算资源和时间，因此在实际应用中需要考虑计算效率和性能，尽量挑选适合计算环境和需求的特征选择方法。

9.2.8 集成学习：有效提高模型的鲁棒性和泛化能力

集成学习是一种利用多个模型进行预测的方法，通过整合这些模型的预测结果来提高模型的鲁棒性和泛化能力。集成学习的主要思想是将多个模型的结果进行组合，以获得更准确和可靠的预测结果。

在集成学习中，通常会使用多个独立的模型进行训练，这些模型可以是同一类型或不同类型的模型组合，然后通过特定的方式将这些模型的预测结果进行整合，如加权平均或投票机制，来得到最终的预测结果。

通过将多个模型的预测结果进行整合，可以有效地降低单一模型可能存在的过拟合和泛化能力不足的问题。因为每个模型都有自己的特性和局限性，将它们的结果进行整合可以综合各个模型的优点，提高整体的预测性能。

此外，集成学习还可以通过引入模型的多样性来提高鲁棒性。通过使用不同的模型和训练方法，可以减少模型对特定数据分布的依赖性，使其在面对不同的数据分布时具有更好的鲁棒性。常见的集成学习方法有以下几种。

❶ bagging：通过对数据进行重采样和多个模型的组合来提高模型的泛化能力。

❷ boosting：通过将多个模型进行加权组合来提高预测精度并降低误差。

❸ stacking：将多个模型的预测结果作为输入，再通过另一个模型进行整合，以获得更准确的预测结果。

9.3 AI训练师实战：通过融合模型优化AI绘画效果

融合模型指的是通过加权混合多个机器学习模型，将其融合为一个综合模型，从而提升模型的性能。例如，本案例通过融合二次元风格和国风人物类的模型生成二次元国风人物，效果如图 9-5 所示。

9.3.1 融合模型：提升训练好的模型性能

单一的 AI 绘画模型难以满足多样化的艺术创作需求，通过融合模型，可以进一步优化训练好的 AI 绘画模型（在 Stable Diffusion 中又称大模型、主模型或底模）。下面介绍融合两个 AI 绘画类模型的操作方法。

步骤 01 进入 Stable Diffusion 的"模型融合"页面，在"模型 A"列表框中选择一个二次元风格的模型，如图 9-6 所示。

图9-5　生成的二次元国风人物效果

图9-6　选择一个二次元风格的模型

步骤 02 在"模型 B"列表框中选择一个国风人物类的模型，并设置"自定义名称（可选）"为"二次元国风人物"，作为合并后的新模型名称，如图 9-7 所示。

图9-7　设置"自定义名称（可选）"参数

温馨提示●

在"模型融合"页面中，相关参数的设置技巧如下。

① 模型A、模型B、模型C：最少需要合并两个模型，最多可同时合并3个模型。

② 自定义名称（可选）：设置融合模型的名字，建议把两个模型和所占比例加入名称中，如"Anything_v4.5_0.5_国风人物模型_0.5"。注意，如果用户没有设置该选项，则会默认使用模型A的文件名，并且会覆盖模型A文件。

③ 融合比例（M）：模型A占比为（1-M）×100%，模型B占比为M×100%。

④ 融合算法：包括"原样输出"（结果=A）、"加权和"（结果=A×（1-M）+B×M）、"差额叠加"（结果=A+（B-C）×M）3种算法。合并两个模型时，推荐使用"加权和"算法；合并3个模型时，则只能使用"差额叠加"算法。

⑤ 模型格式：ckpt是默认格式，safetensors格式可以理解为ckpt的升级版，AI绘画生成速度更快，而且不会被反序列化攻击。

⑥ 存储半精度（float16）模型：通过降低模型的精度来减少显存占用空间。

⑦ 复制配置文件：建议选中"A，B或C"单选按钮，这样可复制所有模型的配置文件。

⑧ 嵌入VAE模型：嵌入当前的VAE（Variational Auto-Encoders，变分自编码器）模型，相当于给图像加上滤镜效果，缺点是会增加模型的容量。

⑨ 删除键名匹配该正则表达式的权重：可以理解为你想删除模型内的某个元素时，可以将其键值进行匹配删除。

步骤 03 单击"融合"按钮，即可开始合并选择的两个模型，并显示合并进度，如图9-8所示。

图9-8 显示合并进度

步骤 04 模型合并完成后，在右侧会显示输出后的新模型路径（见图9-9），可以看到新模型已自动放置在 Stable Diffusion 的主模型目录内。

图9-9　显示合并后的新模型路径

9.3.2　测试模型：应用模型生成 AI 画作

融合 AI 绘画类模型后，可以测试模型的出图效果，创造出更具表现力和创意的绘画作品，具体操作方法如下。

步骤 01　进入"文生图"页面，在"Stable Diffusion 模型"列表框中选择刚才合并的新模型，并输入相应的提示词，指定生成图像的画面内容，如图 9-10 所示。

图9-10　输入相应的提示词

步骤 02　单击两次"生成"按钮，即可生成兼具二次元风格和国风风格的人物图像，效果如图 9-11 所示。

图9-11　生成兼具二次元风格和国风风格的人物图像

181

本章小结

本章重点介绍了如何评估和优化 AI 模型，以确保训练达到最佳效果。首先，介绍了准确率、精度、F1 分数等 5 个评估指标，反映模型的性能；其次，详述了 8 个优化方法，包括 Holdout 检验、交叉验证、自助法等，旨在提升模型的稳定性、降低过拟合风险。此外，还讲解了融合不同 AI 绘画模型的步骤，通过融合模型提升性能，并进行测试评估。总之，本章内容旨在提供一套完整的评估和优化 AI 模型的方法，帮助用户更好地训练和改进 AI 模型。

课后习题

鉴于本章知识的重要性，为了帮助读者更好地掌握所学知识，下面将通过课后习题帮助读者进行简单的知识回顾和补充。

1．AI模型的常用评估指标有哪些？

2．使用C-Eval查看GPT-4大模型的评估报告，如图9-12所示。

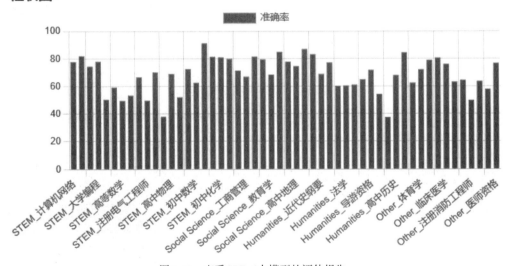

图9-12　查看GPT-4大模型的评估报告

第 10 章

管理和部署
——应用训练好的 AI 模型

　　AI 训练师不仅要关注模型的训练和优化过程，还要掌握如何有效地管理和部署模型。这不仅关系到模型的运行效率和稳定性，还会直接影响 AI 技术在生产环境中的实际应用效果。本章将深入探讨如何进行模型的管理和部署，以及训练和发布 ChatGPT 聊天机器人这种 AI 应用的具体方法。

10.1 4个流程，管理AI模型

良好的管理是成功训练人工智能模型的关键因素之一，它可以大大提高训练效率，减少错误，确保模型的成功开发和部署。本节将介绍管理 AI 模型的 4 个基本流程，具体包括模型的开发与管理、数据集的管理和维护、模型部署和性能优化、持续监控和迭代改进。

10.1.1 流程 1：模型的开发与管理

每个成功的人工智能模型的背后，都离不开一套科学、高效的管理方法，通过建立清晰的开发流程、实施有效的版本管理、持续记录并更新模型的文档和注释信息，能够为未来的项目开发打下坚实的基础。模型的开发与管理的相关要点如下。

❶ **开发流程的建立**：模型的建立需要一个明确的开发流程，该流程应包括需求分析、数据收集和预处理、模型训练和评估等关键环节。AI 训练师应合理规划每个环节所需的时间和资源，并进行有效的沟通和协作，以确保模型开发工作的顺利进行。

❷ **版本管理的重要性**：在模型的开发过程中，可能会经历多个版本的迭代和更新，应采用版本控制系统来记录和管理这些版本的变更和改进，以便后续的回溯和复现。

❸ **文档与注释的关键作用：** 在模型的开发过程中，应及时记录相关的文档和注释信息，包括设计思路、参数调整和实验结果等，这些信息对于团队成员之间的知识共享和交流至关重要，有助于提高团队的协同工作效率。

10.1.2 流程 2：数据集的管理和维护

数据集的质量对 AI 模型的训练和实际效果具有至关重要的影响。一个高质量的数据集可以大大提高模型的准确性和可靠性，反之则可能导致模型性能不佳甚至出现偏差。因此，对数据集进行科学的管理和维护显得尤为重要，具体方法如下。

❶ 在数据集的收集阶段，需要关注数据的准确性和代表性。这要求 AI 训练师根据项目需求，合理地定义数据集的范围和标准，确保所采集的数据样本能够真实、准确地反映目标对象的特征和关系。同时，还需要进行数据清洗和筛选，去除异常值、重复值和低质量的数据，确保数据集的质量和可靠性。

❷ 对于存在标签的数据集，需要特别关注标签的正确性和一致性。标签是模型训练的重要依据，错误的标签可能会导致模型学到错误的知识，进而影响模型的性能。因此，AI 训练师需要建立严格的标签审核机制，对标签进行多次核对和校验，确保标签的准确性。

❸ 数据集的存储和维护也是不可忽视的一环，需要建立一个稳定、可靠的数据仓库，用于集中存储和管理所有的数据集。同时，还需要制订相应的数据维护计划，定期对数据进行备份和更新，确保数据

的可用性和稳定性。此外，还需要关注数据的安全性和隐私保护，确保数据不被非法获取和使用。

❹ 随着模型的不断迭代和新场景的出现，需要定期对数据集进行更新和扩充，持续关注数据源的变化和新的数据采集方法，及时获取新的数据样本，并对原有数据集进行扩充和优化。同时，还需要对新增数据进行质量检测和标注，确保新增数据的质量和可用性。

案例 78　使用 IBM watsonx.data 进行数据管理和分析

IBM watsonx.data 是一个强大的数据管理和分析平台，旨在为企业提供全面的数据解决方案，如图 10-1 所示。该平台具备数据集成、数据存储、数据处理和数据分析等功能，可以帮助企业从海量数据中提取有价值的信息，为业务决策提供支持。

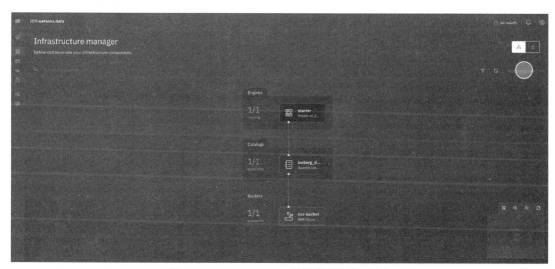

图10-1　IBM watsonx.data数据管理和分析平台

通过 IBM watsonx.data 的分布式存储能力，企业可以将大量数据存储在高性能的存储设备上，确保数据的安全性和稳定性。另外，利用 IBM watsonx.data 的数据处理功能，可以对数据进行清洗、转换和加载等操作，确保数据的准确性和一致性。同时，通过数据预处理功能，可以提取出与库存管理、销售预测等相关的有用信息。

10.1.3　流程 3：模型部署和性能优化

在模型部署和性能优化方面，有以下几个关键因素会直接影响模型的实际应用效果和用户体验。

❶ **选择合适的部署环境和平台**：AI 训练师需要根据模型的具体需求和应用场景，仔细评估硬件设备和软件框架的适用性，包括对服务器、云计算平台或边缘计算设备的选择，以及选择合适的操作系统和编程语言。在选择部署环境时，需要考虑模型的运行效率、可扩展性、可靠性和安全性等。

❷ **模型的性能优化**：AI 训练师可以采用一系列技术手段来减小模型的体积、降低计算复杂度并提高运行速度，包括模型剪枝（Model Pruning）、模型量化（Model Quantization）、知识蒸馏（Knowledge Distillation）等技术，以及使用硬件加速器（如 GPU 或 TPU）来提升模型推理的速度。通过优化模型结构和算法，可以进一步减少模型的计算量和内存占用，提高模型的运行效率。

❸ **安全性与隐私保护**：AI 训练师需要采取一系列安全措施来确保模型的知识产权和用户数据的安全，包括对模型和数据进行加密、访问控制和审计等措施，以防止未经授权的访问和数据泄露。同时，还需要关注数据隐私法规和合规性要求，确保在收集和使用数据时遵循相关的法律和道德规范。

另外，为了实现最佳的部署效果，AI 训练师需要与跨学科专家合作，包括硬件工程师、系统管理员、网络安全专家等，他们可以共同评估硬件和软件平台的性能、解决模型部署过程中的技术难题，并确保模型在实际应用中的安全性和稳定性。

10.1.4 流程 4：持续监控和迭代改进

模型的部署和应用不是一次性的行动，而是一个持续的过程。为了确保模型始终能够满足业务需求和用户期望，AI 训练师需要对其不断地进行监控和迭代改进，具体方法如下。

❶ 建立一套有效的监控机制，定期检查模型的运行状况。通过收集和分析模型的运行日志，可以了解模型的性能表现、错误信息和资源消耗等情况。

❷ 基于监控和反馈数据，有针对性地对模型进行迭代改进，如对模型结构的调整、算法的优化、参数的更新等。通过不断地优化模型，可以提高其性能、降低误差率并提升用户体验。

❸ 持续监控和迭代改进需要形成一个良性循环的过程。AI 训练师应建立一套反馈机制和改进流程，确保每一次迭代改进都能够有组织、有计划地实施，这不仅有助于提高模型的性能和稳定性，还能够增强团队的协作能力和创新精神。

10.2 4种方式，部署AI模型

随着人工智能技术的不断发展，AI 模型的部署方式也日益多样化，为了满足不同的应用需求和技术要求，AI 训练师可以选择多种方式来部署 AI 模型，如本地部署、服务器部署、无服务器部署和容器化部署。每种部署方式都有其独特的优势和适用场景，选择合适的部署方式对于实现高效、稳定和安全的人工智能应用至关重要。

10.2.1　本地部署：稳定性高、安全性好

本地部署是一种将 AI 模型直接部署在本地环境中的方式。通过这种方式，可以充分利用本地硬件资源进行模型推理和计算。本地部署可以使用各种编程语言和框架来实现，如 Python 中的 TensorFlow 或 PyTorch 框架。

在本地部署过程中，需要确保本地环境具备足够的硬件资源，如处理器、内存等，以满足模型的计算需求。同时，还需要对本地环境进行合理的资源管理，以确保模型的稳定运行。

除了硬件要求，本地部署还需要考虑软件环境的需求，需要安装和配置模型所需的软件库和依赖项，以确保模型能够正确加载和使用。此外，还需要考虑数据安全和隐私保护等方面的问题，以确保模型和数据的安全性。

案例 79　在本地部署 Stable Diffusion 大模型

Stable Diffusion 是一款基于 Diffusion 模型的 AI 绘画工具，可以在本地部署，具体流程如下。

❶ 检查硬件：确保计算机满足最低配置要求，包括至少 16GB 的内存、60GB 的硬盘空间、NVIDIA 系列的显卡（显存至少为 6GB）。

❷ 安装 Python 和 Git：Stable Diffusion 需要 Python 3.10.6 版本及以上和 Git 工具，在安装 Python 的过程中，务必选中 Add Python to PATH 复选框，将 Python 添加到系统环境变量中。

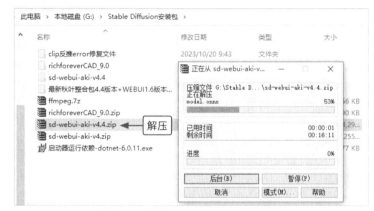

图10-2　解压Stable Diffusion的整合包

❸ 下载整合包：下载 Stable Diffusion 整合包，并将其解压到一个磁盘空间较大的地方，如图 10-2 所示。

❹ 启动 Stable Diffusion：双击 Stable Diffusion 主目录中的 A 启动器 .exe 图标，即可自动安装和更新各种依赖控件，之后会打开启动器，单击"一键启动"按钮即可，如图 10-3 所示。

图10-3　单击"一键启动"按钮

> **温馨提示●**
>
> Git 是一款分布式版本控制系统，主要用于管理软件开发过程中产生的源代码文件。它提供了一系列核心功能和辅助工具，使开发者能够方便地进行代码的修改、提交、合并等操作，并能够跟踪代码的修改历史记录。

10.2.2　服务器端部署：扩展性强、灵活性高

服务器端部署是一种将 AI 模型部署在云服务器或物理服务器上的方式，这样可以提供模型的访问能力，通过网络接收和处理请求，并返回模型的预测结果。为了实现服务器端部署，可以使用各种技术来搭建 API（Application Programming Interface，应用程序编程接口）服务，同时还可以根据需要增加服务器资源。

其中，使用 Flask、Django 等 Web 框架是一种常见的方法，这些框架提供了丰富的功能和工具，可以快速搭建稳定、高效的 API 服务。AI 训练师可以使用这些框架来编写 API，处理请求并返回结果。

另外，AI 训练师也可以选择使用云服务提供商的服务器实例来托管模型。常见的云服务提供商包括 AWS、Azure、Google Cloud 等，这些提供商提供了丰富的云计算资源和服务，可以帮助 AI 训练师快速部署和管理 AI 模型。

案例 80　在 Google Colab 上部署 Stable Diffusion 大模型

Google Colab 是谷歌推出的一个在线工作平台，可以让用户在浏览器中编写和执行 Python 脚本，最重要的是，它提供了免费的 GPU 来加速深度学习模型的训练。在 Google Colab 的 GitHub 仓库（GitHub 上存储代码的基本单位）的 README（有关项目的基本信息）文件中，已经为用户准备好了不同模型的 .ipynb 文件，用户只需按照它的教程进行操作，即可轻松实现在 Google Colab 上部署 Stable Diffusion 大模型，如图 10-4 所示。

图10-4　在Google Colab上部署Stable Diffusion大模型

Google Colab 中的 .ipynb 文件是一种交互式笔记本，常用于数据分析和可视化、机器学习实验等。在 Google Colab 中，用户可以在云端创建和运行 .ipynb 文件，无须在自己的计算机上安装任何软件。

10.2.3　无服务器部署：管理简便、成本较低

无服务器部署是一种利用无服务器计算平台来部署 AI 模型的方式，云服务商提供了丰富的管理工具和运维支持，简化了部署和管理过程，如 AWS Lambda（亚马逊云服务中的无服务器计算服务）、Azure Functions（微软 Azure 平台中的无服务器计算服务）等。

使用无服务器部署的方式，无须购买和维护硬件设备，只需根据使用情况支付费用，因此部署成本较低。图 10-5 所示为 Azure Functions 中的机器学习模型部署平台，可以使用 Jupyter Notebook（一种类似于 .ipynb 的交互式笔记本）来构建、训练和部署模型。无服务器架构可以根据不同请求自动扩展和分配计算资源，无须用户手动管理服务器，这大大降低了运维成本。

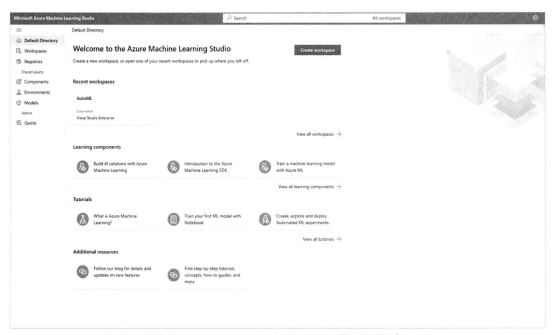

图10-5　Azure Functions中的机器学习模型部署平台

在无服务器部署中，可以将 AI 模型封装在函数中，每个函数都可以独立运行并处理特定的请求。当需要执行某个函数时，无服务器平台会自动触发并分配相应的计算资源。这种方式可以实现按需计算，即根据实际需求动态地分配计算资源，提高了资源的利用率和效率。

与传统的服务器部署方式相比，无服务器部署具有更高的灵活性和可扩展性。由于无服务器平台负责自动扩展和资源分配，因此可以快速地部署和运行 AI 模型，而无须担心服务器硬件和基础设施的管理和维护。此外，无服务器部署还可以提供更好的安全性和隐私保护，因为数据和计算资源在分布式环境中运行，不易受到攻击和信息泄露风险。

10.2.4　容器化部署：隔离性好、可移植性强

容器化部署是一种使用容器技术（如 Docker）将 AI 模型打包为独立可移植容器的部署方式。通过使用容器化技术，可以将模型及其依赖项和环境配置封装在一个封闭的容器中，使模型可以在不同的平台和环境中进行部署和运行。

通过容器化部署，可以实现快速、可靠和一致的模型部署。容器化技术简化了模型部署的过程，无须为每个环境手动配置和安装依赖项。此外，容器化部署还具有可移植性，可以轻松地将模型从一个环境迁移到另一个环境，而无须担心环境差异和兼容性问题。

与传统的部署方式相比，容器化部署还具有更好的可扩展性。通过容器编排工具（如 Kubernetes），可以轻松地管理和调度容器集群，实现模型的快速横向和纵向扩展，这使得容器化部署在处理大规模 AI 模型和高并发请求时具有显著的优势。

> **温馨提示●**
>
> Docker 是一个开源的应用容器引擎，基于 Go 语言并遵从 Apache 2.0 协议开源。Docker 属于 Linux 容器的一种封装，提供简单易用的容器使用接口。
>
> Kubernetes 简称 K8s，它是一个开源的、用于管理云平台中多个主机上的容器化应用，可以实现容器的自动化部署、自动扩缩容、维护等功能。

10.3 AI训练师实战：6个步骤，训练和发布ChatGPT模型

ChatGPT 作为一种先进的自然语言处理模型，已经引起了广泛的关注。本节将以 Dify 平台为例，详细介绍训练和发布 ChatGPT 模型的步骤，最终创建出一个对话型机器人的 AI 应用。

10.3.1 第一步：创建 ChatGPT 应用

Dify 是一个直观、可操作、可优化的 LLM（Large Language Model，大型语言模型）训练平台，赋予了强大的 LLMOps 能力。不仅如此，它还支持 Web App 的构建，可以让用户迅速开发出专属的 ChatGPT 应用。同时，用户还可以在此基础上对模型进行训练和微调，直至它能够完全符合你的需求。

> **温馨提示●**
>
> LLMOps（Large Language Model Operations，大型语言模型运维）是一套专门针对大型语言模型（如 GPT 系列）的开发、部署、维护和优化的实践与流程。LLMOps 的目标在于确保这些强大 AI 模型在实际应用中的高效性、可扩展和安全使用，这涉及了模型训练、部署、监控、更新、安全性及合规性等多个方面。

下面先在 Dify 平台上创建一个 ChatGPT 应用，具体操作方法如下。

步骤 01 进入 Dify 官网首页，单击右上角的 "Get Started"（开始）按钮，如图 10-6 所示。

步骤 02 执行操作后，会提示用户注册或登录账号，登录后即可进入 Dify 的创建应用页面，单击 "创建应用" 按钮，如图 10-7 所示。

步骤 03 执行操作后，弹出 "开始创建一个新应用" 对话框，选择相应的应用类型，如 "助手"，输入相应的应用名称，如 "与孔明对话"，单击 "创建" 按钮，如图 10-8 所示。

图10-6　单击"Get Started"按钮

图10-7　单击"创建应用"按钮

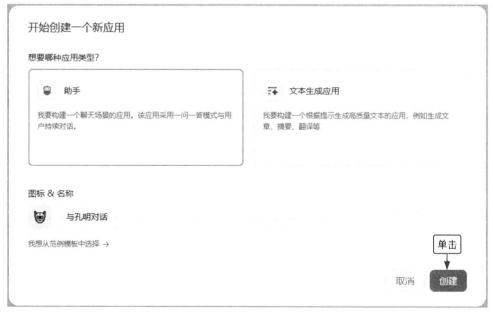

图10-8　单击"创建"按钮

步骤 04　执行操作后，即可创建一个对话型应用，并进入该应用的"概览"页面，在此可以开启应用和后端服务 API，同时可以看到应用的访问链接，如图 10-9 所示。

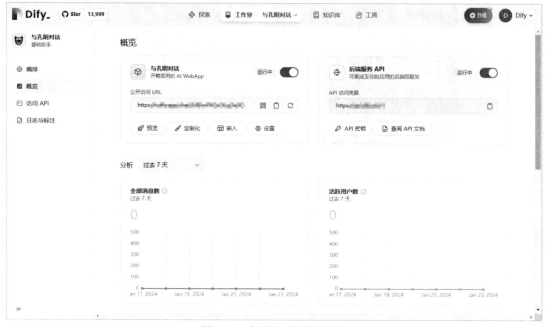

图10-9　应用的"概览"页面

步骤 05　在"概览"页面下方,还可以查看该应用的运行数据分析图表,包括全部消息数、活跃用户数、平均会话互动数、Token 输出速度、用户满意度和费用消耗等信息,如图 10-10 所示。

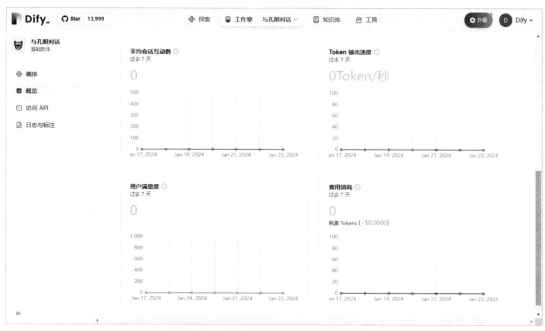

图10-10　查看该应用的运行数据分析图表

10.3.2　第二步：设置 AI 对话提示词

提示词用于对 AI 的回复做出一系列指令和约束,可插入表单变量（如 {{input}},变量能使用户输入表单引入提示词或开场白）。注意,这段提示词不会被最终用户看到。下面介绍设置 AI 对话提示词的操作方法。

步骤 01 在"概览"页面左侧的导航栏中,单击"编排"按钮进入相应页面,在"提示词"文本框中输入相应的提示词,如图 10-11 所示。

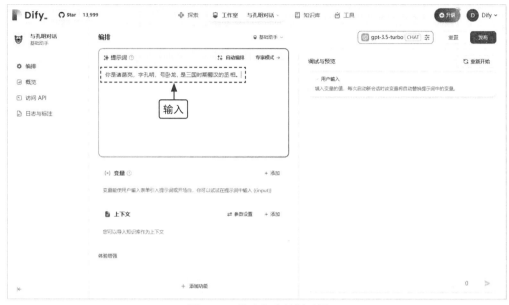

图10-11 输入相应的提示词

步骤 02 如果用户不会写提示词,可以单击"自动编排"按钮,弹出"自动编排"对话框,输入相应的目标用户及希望 AI 解决的问题,单击"生成"按钮,即可自动生成相应的提示词,如图 10-12 所示。单击"应用"按钮,即可快速将 AI 生成的提示词填入"提示词"文本框中。下面仍然使用自定义的提示词。

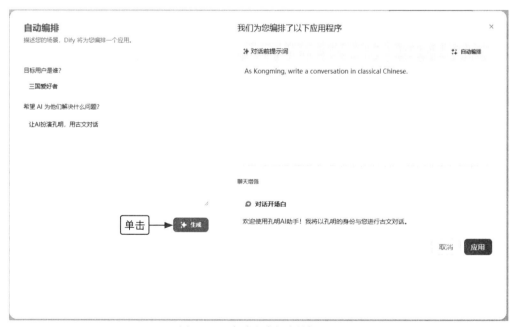

图10-12 自动生成相应的提示词

10.3.3　第三步：设置训练模型及参数

在 Dify 平台上，用户可以选择基于不同模型的能力来开发 AI 应用，如 OpenAI（包括 GPT-4、GPT-3.5 系列等）、Azure OpenAI Service、Anthropic（包括 Claude2、Claude-instant）、Replicate、Hugging Face Hub、ChatGLM、Llama2、MiniMax、讯飞星火认知大模型、文心一言、通义千问等。无论是需要强大的语言生成能力，还是需要特定领域的专业知识，用户都可以在 Dify 上找到合适的模型来开发自己的 AI 应用。下面介绍设置训练模型及参数的操作方法。

步骤 01　在"编排"页面中，单击 ⚙ 按钮，在弹出的面板中单击"模型"选项右侧的下拉按钮，在弹出的下拉列表框中可以选择需要训练的大模型，如 gpt-3.5-turbo，如图 10-13 所示。

图10-13　选择需要训练的大模型

步骤 02　在"模型及参数"面板的"模型设置"选项区中，可以自定义设置温度、Top P、存在惩罚、频率惩罚、最大标记等参数，这里单击"平衡"按钮，将其设置为默认的标准参数，如图 10-14 所示。

图10-14　单击"平衡"按钮

温馨提示 ●

温度用于控制模型生成内容的随机性。Top P 是指模型在生成每个词时会计算所有可能的下一个词的概率分布，并选择概率最高的前 P 个词作为候选。存在惩罚用于惩罚模型预测中未出现的词或标记。频率惩罚是一种用于控制模型对高频词或标记的关注程度的机制。最大标记用于设置要生成的标记的最大数量。

10.3.4 第四步：构建并填充知识库

在 Dify 上创建知识库是非常简便的，用户只需直接上传准备好的数据集即可。此外，Dify 还提供 API 上传功能，让用户有更多的选择。下面介绍构建并填充知识库的操作方法。

步骤 01 在页面顶部的导航栏中，单击"知识库"进入相应页面，单击"创建知识库"按钮，如图 10-15 所示。

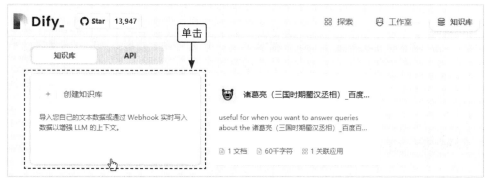

图10-15 单击"创建知识库"按钮

步骤 02 执行操作后，进入"创建知识库"页面，切换至"导入已有文本"选项卡，单击"选择文件"链接，如图 10-16 所示。

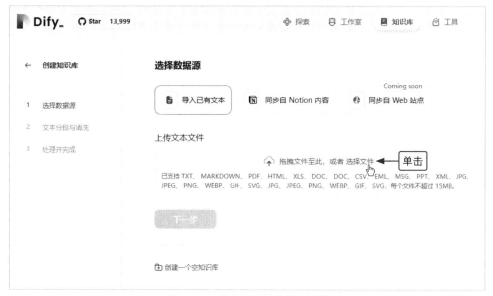

图10-16 单击"选择文件"链接

步骤 03　执行操作后，弹出"打开"对话框，选择相应的文本文件，单击"打开"按钮，即可上传数据集，如图 10-17 所示。

图10-17　上传数据集

> **温馨提示●**
>
> 　　用户可以通过多种方式快速、方便地创建知识库，如使用 Notion 内容进行同步，或者同步来自 Web 站点的数据。Notion 是一个灵活的笔记和项目管理工具，允许用户创建各种类型的文档、数据库、任务列表、日历等。

10.3.5　第五步：文本分段与清洗

　　文本分段是对输入的文本进行分词或分段操作，将连续的文字划分成单个词语或分成段落。文本清洗是指通过一系列的操作，将原始文本中的噪声、冗余和无用信息去除，以获得干净、准确的文本数据。下面介绍文本分段与清洗的操作方法。

步骤 01　继续上一小节，单击"下一步"按钮，进入"文本分段与清洗"页面，"分段设置"默认为"自动分段与清洗"，让系统自动设置分段规则与预处理规则，设置"索引方式"为"经济"，这样虽然会降低准确度，但无须花费 Token，如图 10-18 所示。

图10-18　设置"索引方式"为"经济"

温馨提示 ●

　　在自然语言处理和文本处理中，Token 是一个常用的术语，通常指的是对文本进行预处理和标记化时的一个基本单元。在很多情况下，一个 Token 可以是一个单词、标点符号、数字或其他语言学上的基本元素。

步骤 02　在该页面下方的"检索设置"选项区中，设置 Top K 为 3，该选项用于筛选与用户问题相似度最高的文本片段，单击"保存并处理"按钮，如图 10-19 所示。

图10-19　单击"保存并处理"按钮

步骤 03　执行操作后，进入"处理并完成"页面，系统提示知识库已创建，单击"前往文档"按钮，如图 10-20 所示，可以查看文档详情及进行召回测试（基于给定的查询文本测试知识库的召回效果，仅支持"高质量"的索引方式）。

图10-20　单击"前往文档"按钮

10.3.6 第六步：添加数据集并发布 ChatGPT 应用

添加上下文数据集对于自然语言处理模型的训练和应用具有重要的意义，可以提高模型的性能、效率和可解释性，降低数据标注成本，促进多任务学习和增强泛化能力。下面介绍添加数据集并发布 ChatGPT 应用的操作方法。

步骤 01　返回"编排"页面，在"上下文"选项区中单击"添加"按钮，如图 10-21 所示。

步骤 02　执行操作后，弹出"选择引用知识库"对话框，选择相应的数据集，如图 10-22 所示。

图10-21　单击"添加"按钮　　　　　　　　图10-22　选择相应的数据集

步骤 03　单击"添加"按钮，即可将数据集添加到 ChatGPT 应用中，在右侧"调试与预览"的底部输入相应的问题，如图 10-23 所示。

图10-23　输入相应的问题

步骤 04　单击"发送"按钮➤，即可与 AI 机器人进行聊天，可以看到，经过模型训练后的 ChatGPT 应用已经有了自己的"身份"和知识，如图 10-24 所示。

图10-24　与AI机器人进行聊天

步骤 05　单击右上角的"发布"按钮，如图 10-25 所示，即可发布该 ChatGPT 应用。

图10-25　单击"发布"按钮

本章小结

本章主要介绍如何管理和部署训练好的 AI 模型。先介绍了 4 个关键流程：模型的开发与管理、数据集的管理和维护、模型部署和性能优化，以及持续监控和迭代改进；接着详细介绍 4 种部署方式：本地部署、服务器端部署、无服务器部署和容器化部署；最后介绍了训练和发布 ChatGPT 模型的 6 个步骤，包括创建 ChatGPT 应用、设置 AI 对话提示词、设置训练模型及参数等。本章强调了模型管理和部署的重要性，以及如何选择合适的部署方式来满足不同应用场景的需求，同时还通过具体案例进行说明，为读者提供了实用的指导。

课后习题

鉴于本章知识的重要性，为了帮助读者更好地掌握所学知识，下面将通过课后习题帮助读者进行简单的知识回顾和补充。

1．部署AI模型的主要方式有哪些？

2．在Dify平台上传一个用于ChatGPT模型训练的数据集，如图10-26所示。

图10-26　上传一个用于ChatGPT模型训练的数据集

课后习题答案

第1章

1．人工智能可以划分为哪几个层级？

答 目前就人工智能的发展趋势来看，可以把人工智能划分为 3 个层级，即弱人工智能、通用人工智能和超级人工智能，具体内容可以查看 1.1.2 小节。

2．AI训练师需要掌握哪些基础能力？

答 AI 训练师的工作职责要求他们具备多方面的基础能力，包括扎实的数据处理和分析能力、丰富的行业背景知识、敏锐的分析能力、良好的沟通能力、对人工智能技术的理解、对 AI 行业的深入理解等，具体内容可以查看 1.2.2 小节。

第2章

1．特征能力工程需要掌握哪些关键技能和知识？

答 包括数据预处理、特征提取、特征选择、特征转换、特征评估等，具体内容可以查看 2.1.4 小节。

2．AI训练师的工作职责有哪些？

答 AI 训练师是负责训练人工智能模型的专业人员，主要工作职责是数据收集和预处理、模型开发和调试、算法研究和实验、结果分析和报告撰写、团队合作和沟通、提供数据标注规则、数据验收及管理、积累领域通用数据，具体内容可以查看 2.2.1 小节。

第3章

1．使用Python输出"AI训练师"。

答 下面介绍使用 Python 输出"AI 训练师"的操作方法。

步骤 01　打开 Python 3.12 (64-bit) 窗口，在 Python 提示符中输入以下文本信息，它的作用是在屏幕上输出"AI 训练师"这句话。

```
#!/usr/bin/python
# -*- coding: UTF-8 -*-

print( "AI 训练师" )
```

步骤 02 执行操作后，即可输出相应的内容，如图 1 所示。

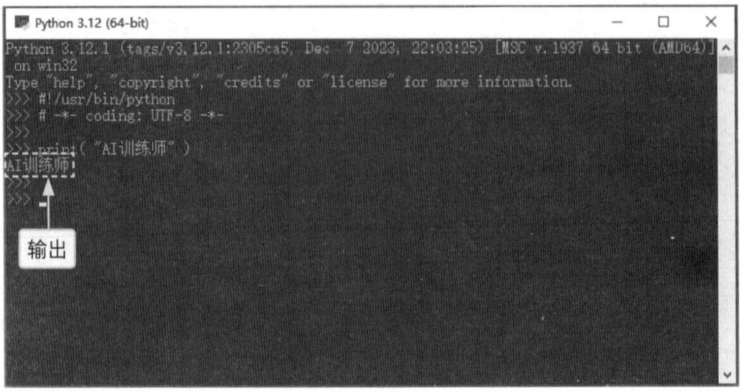

图1　输出相应的内容

2．使用Python输出指定格式的日期。

答 下面介绍使用 Python 输出指定格式日期的操作方法。

步骤 01 打开 Python 3.12 (64-bit) 窗口，在 Python 提示符中输入以下文本信息。这段代码是一个简单的 Python 脚本，用于获取并输出当前日期，格式为 dd/mm/yyyy。

```
#!/usr/bin/python
# -*- coding: UTF-8 -*-

import datetime

if __name__ == '__main__':

    # 输出今日日期，格式为 dd/mm/yyyy。更多选项可以查看 strftime() 方法
    print(datetime.date.today().strftime('%d/%m/%Y'))
```

步骤 02 按【Enter】键查看运行结果，即可输出指定格式的日期，如图 2 所示。

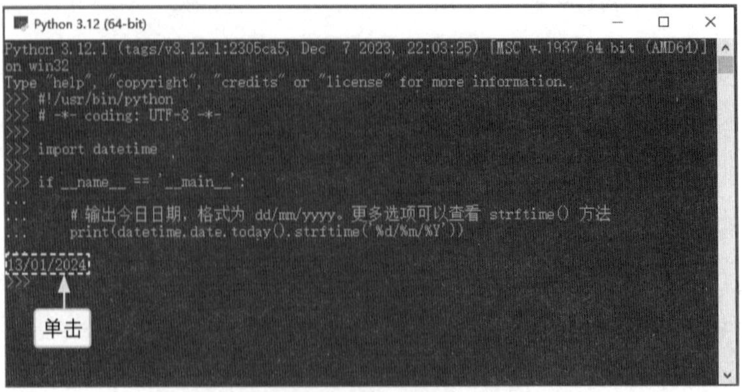

图2　输出指定格式的日期

第4章

1．机器学习算法有哪3个基本类型？

答 机器学习算法的 3 个基本类型如下，具体内容可以查看 4.1.2 小节。

❶ **监督学习**：这是一种通过已有的标记数据集进行训练的学习方式。在监督学习中，算法从输入数据特征和对应的正确输出（标签）中学习，从而能够预测或决定未见过数据的输出。其作用是让计算机系统能够识别模式或做出预测，例如图像识别、语音识别等。

❷ **无监督学习**：与监督学习不同，无监督学习使用的数据集没有标签或标记。算法尝试在数据中找到结构和模式，例如通过聚类将数据点分组。其作用是探索数据的内在结构和分布，常用于市场细分、社交网络分析等。

❸ **强化学习**：这是一种通过奖励和惩罚机制来训练算法的方法。在强化学习中，智能体（Agent）通过与环境的交互来学习最佳行为策略，以最大化累积奖励。其作用是让系统能够在复杂环境中做出决策，例如自动驾驶、机器人控制等。

2．机器学习算法在社交媒体平台上有哪些应用？

答 机器学习算法在社交媒体平台上有许多应用，以下是其中一些应用。

❶ **情感分析**：情感分析是指通过分析文本或用户生成内容中的情感和情绪来判断用户的情感倾向。机器学习算法可以训练以自动识别和分类情感，如正面、负面或中性，这对于企业了解用户对其产品或服务的看法、跟踪舆论和制定营销策略非常有用。

❷ **用户推荐**：机器学习在社交媒体平台的用户推荐中起着重要作用，通过分析用户的历史行为，机器学习算法可以预测用户可能感兴趣的内容，并将其推荐给用户。这种个性化的推荐系统可以提高用户对社交媒体平台的满意度，并增加用户留存率。

❸ **智能客服**：许多网站在站内导航页面中都提供了在线客服聊天的选项，这也使用了机器学习算法。智能客服会自动分析用户的输入，并使用自然语言处理技术将用户的文本转化为结构化的查询或问题，然后利用预先训练的机器学习模型来回答用户的问题或提供相关的建议和信息。

第5章

1．使用AI生成室内设计图。

答 下面介绍使用 AI 生成室内设计图的操作方法。

步骤 01 进入 AI Studio 平台的"应用"页面，单击"文生图"标签，如图 3 所示。

图3 单击"文生图"标签

步骤 02 切换至"文生图"选项卡，在其中选择相应的 AI 应用，如图 4 所示。

图4　选择相应的AI应用

步骤 03 执行操作后，进入 AI 应用的详情页面，输入相应的提示词，单击"生成画作"按钮，AI 应用即可根据我们输入的提示词生成画作，效果如图 5 所示。

图5　生成画作的效果

2．使用AI生成风景照片。

答 下面介绍使用 AI 生成风景照片的操作方法。

步骤 01 进入 AI Studio 平台的"应用"页面，在"文生图"选项卡右上角的搜索框中输入"写实文生图"，在搜索结果中选择相应的 AI 应用，如图 6 所示。

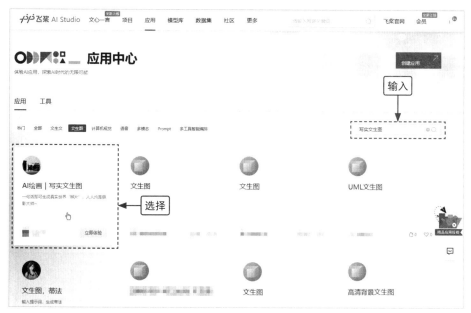

图6　选择相应的AI应用

<u>步骤 02</u>　执行操作后，进入 AI 应用的详情页面，输入相应的提示词，单击"生成画作"按钮，AI
应用即可根据我们输入的提示词生成画作，效果如图 7 所示。

图7　生成画作的效果

第6章

1．什么是自然语言处理？

答 自然语言处理是一种人工智能技术，旨在让计算机理解和处理人类自然语言。NLP 通过语言学、
计算机科学和人工智能的交叉研究，构建能够理解人类输入并做出相应响应的数字系统。

自然语言处理使得计算机具备分析、理解和生成自然语言的能力，从而可以与人类进行交互并解决各种语言相关的问题。NLP 的应用非常广泛，包括机器翻译、舆情分析、自动摘要、观点提取、文本分类、问题回答、文本语义对比、语音识别等领域。

2．使用Embedding模型优化AI生成的人物角色。

答 下面介绍使用 Embedding 模型优化 AI 生成的人物角色的操作方法。

步骤 01 进入"文生图"页面，选择一个写实类的大模型，输入相应的正向提示词，指定生成图像的画面内容，如图 8 所示。

图8　输入相应的正向提示词

步骤 02 适当设置生成参数，单击"生成"按钮，即可生成写实风格的图像，如图 9 所示。这是完全基于大模型绘制的效果，人物的脸部出现了明显的变形。

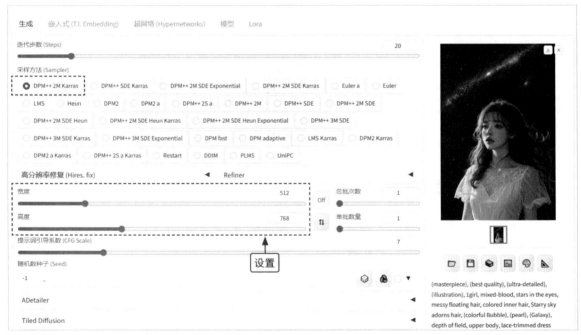

图9　设置生成参数并生成写实风格的图像

步骤 03 单击反向提示词输入框，切换至"嵌入式（T.I. Embedding）"选项卡，在其中选择 EasyNegative 模型，即可将其自动填入反向提示词输入框中，如图 10 所示。使用 EasyNegative 模型可以有效提升画面的精细度，避免模糊、灰色调、面部扭曲等情况。

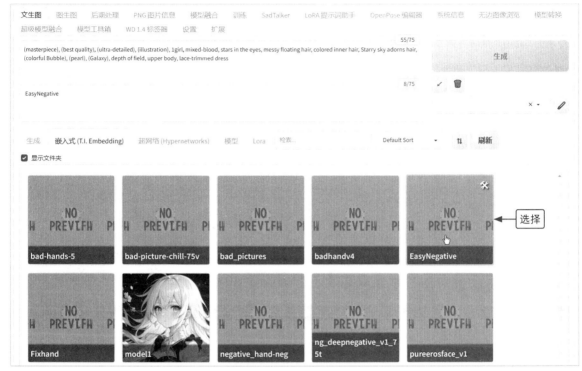

图10　选择EasyNegative模型

步骤 04　其他生成参数保持不变，单击"生成"按钮，即可调用 EasyNegative 模型中的反向提示词来生成图像，画质很好，效果如图 11 所示。

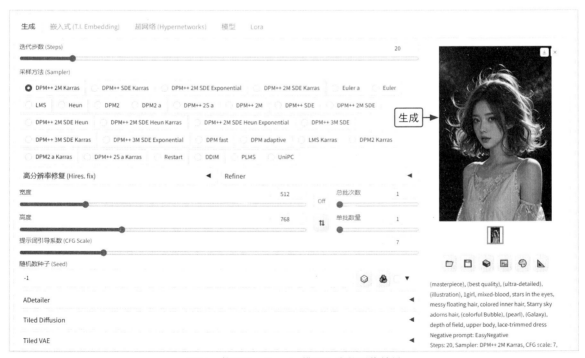

图11　使用EasyNegative模型生成的图像效果

第7章

1．什么是数据标注？

答 数据标注是对用于人工智能应用的数据进行分类和标注的过程，主要包括文本、音频、图像和视频等数据类型。标注的基本形式有标注画框、语音标注、文本标注、视频标注等。数据标注可以理解为机器模仿人类学习过程中的经验学习，相当于人类从书本中获取已有知识的认知行为。在具体操作时，数据标注把需要计算机识别和分辨的图片等事先打上标签，让计算机不断地识别这些图片的特征，最终让计算机能够自主识别。数据标注为人工智能企业提供了大量带标签的数据，供机器训练和学习，保证了算法模型的有效性。

2．使用VIA标注图7-18中的花对象。

答 下面介绍使用 VIA 标注图片中的花对象的操作方法。

步骤 01 在浏览器中打开 VIA 应用程序，进入 Home（首页）页面，单击"Add Files"（添加文件）按钮，如图 12 所示。

图12 单击"Add Files"按钮

步骤 02 执行操作后，弹出"打开"对话框，选择相应的素材图片，单击"打开"按钮上传图片，在 Region Shape（区域形状）选项区中选择圆形工具○，在图片中框住花朵对象，给其添加一个标注，如图 13 所示。

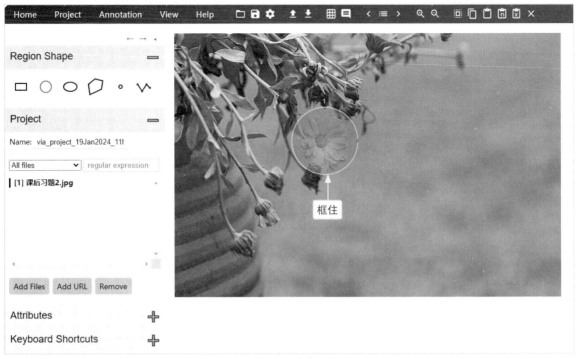

图13　添加标注

步骤 03　展开 Attributes（属性）编辑器面板，输入相应的名称（flower），单击 按钮添加属性，并设置相应的 Name（名称）、Desc.（描述）和 Type（类型），编辑标注对象的属性，如图 14 所示。

图14　编辑标注对象的属性

第8章

1．神经网络的组成结构是什么？

答 神经网络的组成结构通常包括 3 个部分：输入层、隐藏层和输出层。输入层负责接收外界的数据，比如图片、声音、文字等；隐藏层负责在输入层和输出层之间进行信息的转换和处理，而且隐藏层可以有多个，也可以没有；输出层负责输出我们想要的结果，比如分类、预测等。

2．用真实摄影风格的LoRA模型生成人物图片。

答 下面介绍用真实摄影风格的 LoRA 模型生成人物图片的操作方法。

步骤 01 进入"文生图"页面，选择一个写实类的大模型，如图 15 所示。

图15 选择写实类的大模型

步骤 02 输入相应的正向提示词和反向提示词，描述画面的主体内容并排除某些特定的内容，如图 16 所示。

图16 输入相应的提示词

步骤 03　切换至 Lora 选项卡，选择相应的摄影类 LoRA 模型，即可在正向提示词的后面添加 LoRA 模型参数，并适当调整其权重，如图 17 所示。

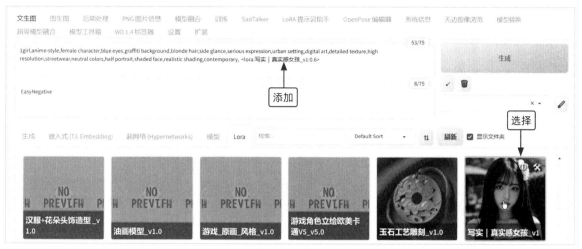

图17　选择相应的摄影类LoRA模型

步骤 04　在页面下方设置"采样方法"为 DPM++ 2M Karras，"宽度"为 512，"高度"为 768，提升图像效果的真实感，并将画面尺寸调整为竖图，如图 18 所示。

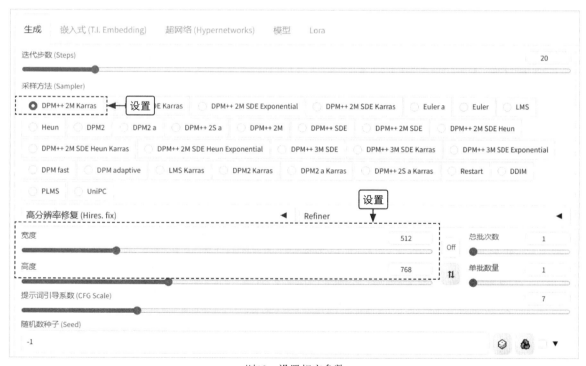

图18　设置相应参数

步骤 05　单击两次 "生成" 按钮，即可生成相应的人物图片，效果如图 19 所示。

图19　生成相应的人物图片效果

第9章

1．AI模型的常用评估指标有哪些?

答 AI 模型的常用评估指标包括准确率、精度、F1 分数、误差和 ROC 曲线等，这些指标可以从不同角度评估模型的性能，具体内容可以查看 9.1 节。

2．使用C-Eval查看GPT-4大模型的评估报告。

答 下面介绍使用 C-Eval 查看 GPT-4 大模型的评估报告的操作方法。

步骤 01　进入 C-Eval 主页，单击导航栏中的 "排行榜" 链接，如图 20 所示。

图20　单击导航栏中的 "排行榜" 链接

步骤 02 执行操作后，进入"排行榜"页面，在"公开访问的模型"列表框中单击"GPT-4*"链接，如图 21 所示。

图21 单击"GPT-4*"链接

步骤 03 执行操作后，进入 GPT-4 页面，在"模型详细结果"列表框中可以查看 GPT-4 大模型的评估报告，如图 22 所示。

模型详细结果

以下为该模型在**52个**不同科目上的详细结果，分别以**可排序表格**和**柱状图**的形式展现

其中，**STEM**包含20个科目，**社会科学**包含10个科目，**人文科学**同样包含11个科目，**其他**包含11个科目

可排序表格：

Super Category	科目名称	准确率
STEM	计算机网络	77.8
STEM	操作系统	82.1
STEM	计算机组成	74.6
STEM	大学编程	78.1
STEM	大学物理	50.6
STEM	大学化学	59.4
STEM	高等数学	49.7
STEM	概率统计	53.6

图22 查看GPT-4大模型的评估报告

步骤 04 在该页面底部，还可以查看 GPT-4 大模型在不同科目上的详细评估结果的柱状图，如图 23 所示。

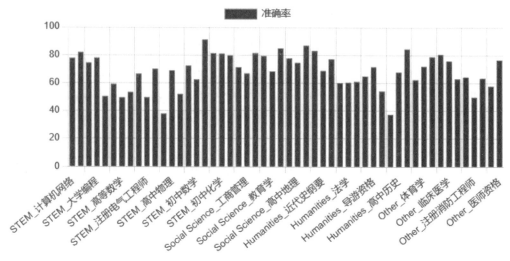

图23 查看柱状图

第10章

1．部署AI模型的主要方式有哪些?

答 用户可以选择多种方式来部署 AI 模型，如本地部署、服务器部署、无服务器部署和容器化部署，具体内容可以查看 10.2 节。

2．在Dify平台上传一个用于ChatGPT模型训练的数据集。

答 下面介绍上传数据集的操作方法。

步骤 01 在 Dify 页面顶部的导航栏中，单击"知识库"按钮进入其页面，单击"创建知识库"按钮，如图 24 所示。

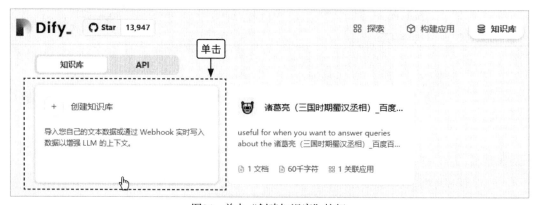

图24 单击"创建知识库"按钮

步骤 02 执行操作后，进入"创建知识库"页面，切换至"导入已有文本"选项卡，单击"选择文件"链接，如图 25 所示。

图25 单击"选择文件"链接

步骤 03 执行操作后，弹出"打开"对话框，选择相应的文本文件，单击"打开"按钮，即可上传数据集，如图 26 所示。

图26 上传数据集

步骤 04 单击"下一步"按钮，进入"文本分段与清洗"页面，设置"索引方式"为"经济"，其他选项保持默认设置，如图 27 所示。

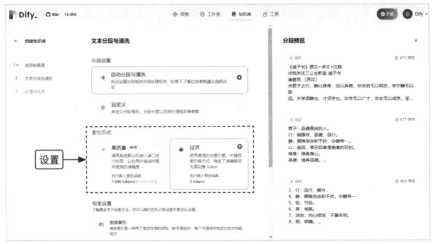

图27 设置"索引方式"为"经济"

步骤 05 在该页面下方，单击"保存并处理"按钮，如图 28 所示。

图28 单击"保存并处理"按钮

步骤 06 执行操作后，进入"处理并完成"页面，系统提示知识库已创建，单击"前往文档"按钮，如图 29 所示。

图29 单击"前往文档"按钮